MÉTHODE

DE

J. CARSTAIRS.

La Méthode de Carstairs se trouve aussi

Chez { L. COLAS, rue Dauphine, n. 32.
HACHETTE, rue Pierre-Sarrasin, n. 12.

EBERHART, IMPRIMEUR,
Rue du Foin S.-Jacq. n. 12.

MÉTHODE
DE CARSTAIRS,

FAUSSEMENT APPELÉE

MÉTHODE AMÉRICAINE,

OU

L'ART D'APPRENDRE A ÉCRIRE EN PEU DE TEMPS,
TRADUITE DE L'ANGLAIS PAR A. S. JULIEN,
SOUS LA DIRECTION DE L'AUTEUR,

Et accompagnée d'un Atlas in-4° de 48 planches gravées.

TROISIÈME ÉDITION,

Augmentée de divers Morceaux inédits, de 22 Planches, etc.

OUVRAGE ADOPTÉ

PAR LE CONSEIL ROYAL DE L'INSTRUCTION PUBLIQUE,
POUR TOUS LES ÉTABLISSEMENTS
DE L'UNIVERSITÉ DE FRANCE.

PARIS,
THÉOPHILE BARROIS PÈRE
ET BENJAMIN DUPRAT,
RUE HAUTEFEUILLE, 28.

1829.

UNIVERSITÉ ROYALE DE FRANCE.

RAPPORT

ADRESSÉ

A SON EXCELLENCE

LE MINISTRE DE L'INSTRUCTION PUBLIQUE,

Par une Commission spéciale, chargée d'examiner la MÉTHODE D'ÉCRITURE DE M. JOSEPH CARSTAIRS.

(Extrait.)

M. JULIEN, sous-bibliothécaire de l'Institut, a déjà publié deux éditions de la Méthode inventée en Angleterre par M. J. Carstairs, pour apprendre en peu de temps à bien écrire et à écrire avec rapidité. Comme il sollicite, pour cet ouvrage, l'approbation du Conseil Royal, et son adoption dans les établissements de l'Université, sa demande a été renvoyée à la Commission précédemment chargée, par une lettre de S. E., d'examiner les Méthodes d'écriture et de lecture de MM. Mialle et Bernardet.

La Commission a commencé par se mettre en rapport avec M. Julien, et elle a appris de lui comment il avait été conduit à entreprendre ce travail, dont il est loin de faire un objet de spéculation, et qui paraissait si étranger à ses fonctions et aux occupations d'un ordre bien plus élevé auxquelles il se livre. . . . .

La Commission a dû songer d'abord à se faire une idée exacte de la Méthode elle-même, avant de chercher à la juger par ses résultats; et c'est sur la deuxième édition, déjà épuisée, de la traduction, qu'elle a porté son examen. Si elle en a bien saisi l'esprit, le système de M. Carstairs consiste à faire concourir également dans l'écriture l'action du bras, de la main et des doigts. Il commence par habituer l'élève aux mouvements du bras par un grand nombre d'exercices, qui s'exécutent d'abord sans aucune participation de la main ni des doigts, et qui l'accoutument à faire courir la plume sur le papier et à donner en même temps aux courbes qu'elle trace des formes égales et assez gracieuses pour plaire à l'œil.

Pendant l'exécution de ces exercices, le bras ne doit reposer sur la table par aucun point, et n'a d'autre appui que les deux derniers doigts de la main qui glisse sur la surface des ongles (1).

---

(1) Le mouvement indiqué dans cette partie du Rapport, n'est applicable qu'aux exercices. Voy. pag. xxij. (*l'Editeur.*)

Il y joint bientôt ceux qui doivent être exécutés par la main et l'avant-bras, et alors seulement il commence à permettre que le bras s'appuie légèrement sur le coude (1), qui devient un centre de mouvement, mais il proscrit encore la flexion des doigts, à laquelle, dans l'ancien système, on commençait par former les élèves d'une manière si spéciale. Ce n'est qu'au moment où l'habitude de ce double mouvement paraît suffisamment acquise, que M. Carstairs accoutume l'élève au jeu des articulations combiné avec le mouvement de la main et de l'avant-bras, d'abord par l'écriture en gros, et ensuite par une diminution dans la dimension des caractères, diminution graduée d'une manière ingénieuse.

La Commission n'entrera point ici dans l'exposé des procédés de détail qui concernent soit la forme de chaque lettre en particulier, soit le mode de leur liaison entre elles. Il lui suffira de dire que M. Carstairs n'a jamais perdu de vue le principal objet qu'il se proposait, savoir, de conduire le plus promptement possible à l'écriture cursive la plus rapide.

En réfléchissant sur la marche qu'il a adoptée, et malgré son opposition con-

---

(1) C.-à-d. sur la partie inférieure de l'avant-bras ; Voy., pag. 9, la fig. 2 et l'explication sur les Nos 1, et 2. (*l'Editeur.*)

stante avec celle à laquelle nous avons presque tous été pliés dès l'enfance, on ne peut se dissimuler qu'elle est fondée sur le raisonnement et sur l'expérience. Comme le remarque judicieusement le traducteur dans l'espèce de préliminaire placé par lui en tête de la deuxième édition, « Si l'on » observe les personnes qui écrivent avec » le plus de rapidité, on verra que leur » poignet et leur avant-bras concourent, » ainsi que leurs doigts, à la formation des » lettres, et que plus elles écrivent rapide- » ment, plus le mouvement de l'avant-bras » paraît dominer. Elles suivent par consé- » quent le système de M. Carstairs sans s'en » douter : le besoin le leur a enseigné ».…

Cependant, quelque raisonnée que parût cette Méthode, c'était dans la pratique qu'il convenait de la juger définitivement. C'est-là en effet que viennent ordinairement échouer les procédés les plus spécieux ; et, avant de fixer notre opinion, nous avons dû nous occuper avec soin des résultats du système de M. Carstairs. . . . .

A une époque assez récente, le Principal du collége d'Alençon a cru devoir essayer la Méthode de M. Carstairs. Il a fait venir de Paris la traduction de M. Julien, et les Inspecteurs généraux qui ont visité cet établissement ont été à même d'en reconnaître les effets Des enfants, qui savaient à peine former leurs lettres, sont parvenus en moins de deux mois à écrire avec autant de netteté que de facilité.

Il paraît donc impossible, sans se refuser à l'évidence, de contester les avantages de cette Méthode. M. Julien a fait d'ailleurs jusqu'à présent de véritables sacrifices pour la répandre : la troisième édition qu'il se dispose à publier, et qui paraîtra même aussitôt que le Conseil aura rendu sa décision, contiendra de nouveaux procédés et des additions qui lui ont été communiqués par M. Carstairs, et qu'il a mis sous nos yeux.

En conséquence, la Commission est d'avis que M. Julien, pour son dévouement, mérite d'être distingué des spéculateurs qui se multiplient singulièrement depuis quelque temps; que son travail est digne, sous tous les rapports, d'obtenir l'approbation du Conseil Royal, et qu'enfin la Méthode de M. Carstairs peut être adoptée, avec avantage, pour l'enseignement de l'écriture dans les colléges de l'Université.

Adopté en Séance, le 30 Août, 1828.

Signé DELVINCOURT, Président.
POULLET DE LISLE, Rapporteur.
BLANQUET DU CHAYLA, Commissaire-Adjoint.

UNIVERSITÉ ROYALE DE FRANCE.

EXTRAIT

DU REGISTRE DES DÉLIBÉRATIONS

DU CONSEIL ROYAL DE L'INSTRUCTION PUBLIQUE.

Procès-verbal du 30 *août* 1828.

Le Conseil Royal de l'Instruction publique, vu le Rapport présenté par la Commission qui a été chargée par Son Excellence d'examiner la Méthode d'Écriture de M. Carstairs, telle qu'elle est exposée dans son ouvrage, traduit par M. Julien, sous-bibliothécaire de l'Institut ;

Arrête qu'il sera pris, pour le compte de l'Université, cent-vingt exemplaires de cet ouvrage, et que ces exemplaires seront envoyés aux Recteurs avec recommandation de les transmettre aux Maîtres qui leur paraîtront le plus en état d'employer utilement cette méthode.

Le Conseil arrête en outre qu'il sera donné copie à M. Julien du Rapport de la Commission.

Pour copie conforme,

Le Conseiller-secrétaire.

Signé L. MANSION.

Société pour l'Enseignement élémentaire.

SÉANCE DU 25 JUIN 1828,

SOUS LA PRÉSIDENCE

de M. le Duc de Doudeauville.

RAPPORT

Sur la Méthode d'Écriture inventée par M. Carstairs, fait au nom du Comité des Méthodes, auquel ont été adjoints MM. Mérimée, Lebœuf et Francoeur.

MESSIEURS,

M. Stanislas Julien, sous-bibliothécaire de l'Institut, vous a fait hommage de la première et de la seconde édition d'un ouvrage publié par lui, qui a pour titre :

Méthode de Carstairs, faussement appelée Méthode Américaine, ou l'Art d'apprendre à écrire en peu de leçons, traduite de l'anglais sous la direction de l'auteur, etc.

La Méthode que cet ouvrage a pour objet de développer, est déjà connue depuis plusieurs années, à Paris, où elle a été mise en pratique avec succès, par des maîtres habiles. Elle a été expliquée avec détail dans deux rapports faits à la Société d'Encouragement, que vous avez eus sous les yeux. Ses heureux résultats ont été constatés par de nombreuses expériences, que plusieurs d'entre vous ont dirigées ou suivies; et, tous les jours, ils peuvent se vérifier encore à Paris, dans des cours publics où l'écriture est enseignée d'après le système de M. Carstairs.

Vous savez, Messieurs, que cette Méthode, dont les moyens sont si efficaces que des professeurs l'ont considérée comme devant produire une révolution dans l'enseignement de l'écriture, consiste en une réforme dans la position de la main et la manière de conduire la plume.

Les maîtres de qui nous avons tous reçu des leçons d'écriture, nous enseignaient et nous recommandaient instamment de poser sur le papier l'avant-bras et le poignet, de ne mettre que les doigts en mouvement, d'exécuter ainsi une portion d'écriture, de transporter le bras, reprendre la pose prescrite, puis après une nouvelle partie d'écriture, transporter encore le bras, jusqu'à l'achèvement de la ligne.

De là, suivant les partisans de la réforme, fatigue dans les doigts, exécution longue et difficile, défaut de parallélisme dans les lettres et dans la disposition des mots, et, ce qui est fâcheux surtout, nécessité d'une étude de plusieurs années pour arriver à une pratique satisfaisante.

Dans la méthode de M. Carstairs, le bras et la main, au lieu d'être appuyés sur le papier, restent comme suspendus, et glissent légèrement sur l'extrémité des ongles du quatrième et du cinquième doigts; l'écriture s'exécute par le mouvement des doigts, du poignet et de tout l'avant-bras; de sorte que le bras suit incessamment la progression de l'écriture.

Telle est, Messieurs, l'explication à laquelle peut se réduire l'exposé du procédé qui forme le principe essentiel de la Méthode inventée par M. Carstairs. Dans ce procédé se trouvent tous les moyens d'une écriture facile et rapide, dont l'habitude peut s'acquérir aisément, parce que les exercices n'ont rien de pénible. Il est possible sans doute de perdre cette habitude, mais elle doit se retrouver sans peine, dès qu'on veut retourner au procédé.

M. Carstairs, pour disposer son élève au mode de mouvement qu'il a adopté, et surtout pour combattre l'effet du long usage d'un mouvement différent, assujétit les doigts et la main à une ligature combinée de manière que l'élève exécute l'écriture malgré lui, suivant le mouvement prescrit, et corrige ainsi le défaut de son ancienne habitude.

Une telle innovation n'aurait pu être comprise ou appréciée, si M. Carstairs n'eût appliqué son procédé à un ensemble de leçons d'écriture; son ouvrage présente dans cette vue des développements qui méritent d'être étudiés même hors de son système.

On y trouve particulièrement une analyse des caractères de l'écriture, qui tous peuvent se rapporter à un nombre peu considérable de formes élémentaires. L'auteur a imaginé des exercices gradués avec habileté, propres à donner à la main une grande rapidité d'exécution. Les modèles qu'il met sous les yeux de ses élèves, présentent un caractère lisible et en même temps élégant. Nous observons toutefois que ces modèles ne sont pas commandés nécessairement par le procédé de M. Carstairs, qui peut s'employer également pour une écriture d'un tout autre caractère. Ainsi les goûts et les préjugés qui peuvent exister dans cet art, sont en paix parfaite avec la Méthode de M. Carstairs.

Nous ne balancerons pas, Messieurs, à vous exprimer l'opinion que ce professeur a rendu un grand service à l'art d'écrire par son invention et en publiant son ouvrage.

Nous avons reçu en communication divers écrits de M. Carstairs, qui nous ont appris combien ce professeur recommandable par son habileté dans l'art qu'il enseigne, l'est aussi par son dévoûment et par sa constance dans le travail. Pénétré d'un juste sentiment de l'importance de sa découverte, il n'aspire à d'autre gloire que d'en être reconnu l'auteur. Ses vœux doivent être pleinement satisfaits par le suffrage honorable qu'il a reçu à Londres, le 9 juillet 1816, dans une assemblée composée de personnages distingués et présidée par S. A. R. le duc de Kent. Rien, à notre sentiment, ne doit le troubler dans la possession du titre d'inventeur dont un tel suffrage lui vaut une concession expresse.

Après avoir acquitté notre reconnaissance envers M. Carstairs, nous avons à vous parler de celle que nous devons à M. Stanislas Julien, qui, par sa traduction, nous a révélé une méthode dont l'ensemble se dérobait à nos recherches. Livré à des travaux qui lui promettent de nouveaux succès dans la littérature savante, il a volontairement ajourné des publications d'un ordre plus élevé pour devenir modestement utile à l'enseignement primaire. Ce dévoûment, qui honore son caractère, est un nouveau motif de recommandation pour l'ouvrage qu'il a publié.

Le Comité des Méthodes vous propose de déclarer que M. Joseph Carstairs et M. Stanislas Julien ont mérité la reconnaissance de la société que vous représentez.

Adopté en Séance, le 28 Juin 1828.

Signé LEBOEUF, RAPPORTEUR,

MÉRIMÉE, FRANCOEUR, B. WILHEM, PERRIER, ETC.

Pour copie conforme,

Le secrétaire de la Société,

JOMARD.

AVANT-PROPOS

DU TRADUCTEUR

SUR LA TROISIÈME ÉDITION.

Malgré le succès remarquable de la seconde édition, je ne puis dissimuler ici que, si je n'eusse point eu l'avantage d'être en relation directe avec l'auteur, et que par conséquent j'eusse été forcé de donner la troisième édition entièrement conforme à la précédente, j'aurais laissé à toute autre personne le soin de continuer cette publication. Les considérations suivantes expliqueront ma pensée.

Depuis la mise en vente de la deuxième édition, beaucoup de personnes, aussi distinguées par leurs lumières que par le rang qu'elles occupent dans la société et dans l'instruction publique, m'ont fait l'honneur de me présenter successivement, de vive voix et par écrit, une série d'observations et de difficultés qui semblaient naître, soit du silence de l'auteur sur quelques points fondamentaux, soit de certains passages qui peut-être n'étaient point assez explicites ; et la plupart de ces difficultés étaient telles que l'auteur seul pouvait en donner la solution.

Connaissant l'habileté de M. Carstairs dans l'art qu'il professe, et sachant d'ailleurs combien il met de zèle à le propager, je n'hésitai point à lui proposer ces objections dans le cours de ma correspondance.

Non-seulement M. Carstairs eut la bonté de répondre de point en point à toutes les questions que j'eus l'honneur de lui soumettre, mais il ajouta même un grand nombre d'observations d'autant plus précieuses qu'elles étaient inédites. Le Traité anglais, où il a développé ces instructions importantes, est intitulé « *Observations additionnelles, contenant sur la position du corps, et sur les différents mouvements employés dans l'écriture, des procédés particuliers et des secrets qui n'avaient point encore été développés jusqu'ici.* Nous avons donné, pag. 11, la traduction complète de ce morceau.

Ceux qui s'intéressent en France à la nouvelle méthode d'écriture, recevront sans doute avec reconnaissance les *instructions supplémentaires* que M. Carstairs nous permet d'ajouter à notre troisième édition. Nous osons espérer que personne ne songera à lui faire un reproche de n'avoir pas donné, dans les éditions précédentes, les développements nouveaux que présente celle-ci, quand nous en aurons fait connaître la cause.

L'auteur, profondément pénétré de son système, et comme préoccupé de son idée dominante, avait, à son insu et fort involontairement, omis des détails accessoires, ou des développements intermédiaires, qu'il ne soupçonnait pas capables de faire naître ultérieurement des difficultés sérieuses pour les personnes qui seraient privées de ses leçons orales et particulières.

A peine M. Carstairs fut-il informé de ces difficultés imprévues, qu'il s'empressa d'en donner la solution, afin que le public français, qui avait accueilli si favorablement sa méthode, pût, aussi bien que ses compatriotes, jouir de sa découverte dans toute son étendue.

Mais ce manque de développements assez explicites, qui s'était fait sentir dans les éditions précédentes, avait porté quelques personnes, par des motifs différents, à confondre sa méthode avec d'autres qui lui sont faussement attribuées, et qui, offrant plus d'inconvénients que d'avantages réels, ne nuisent pas moins à l'art d'écrire qu'à la réputation de l'auteur.

Pour rendre désormais impossible tout rapprochement entre des systêmes diamétralement opposés, nous allons présenter les traits essentiels et caractéristiques de notre Méthode.

Il faut distinguer dans l'ouvrage que nous publions deux sortes de mouvements, dont la connaissance est tellement indispensable que, si on ignorait leur usage spécial, ou si on les confondait dans la pratique, on éprouverait des difficultés presque invincibles.

La première espèce de mouvement se compose du mouvement du bras entier, sans celui de la main et des doigts. Ce mouvement, qui est d'abord perpendiculaire, a pour but d'accoutumer l'élève à conserver en écrivant la position convenable de la main et de la plume. Si, dans les premiers temps, le maître soumet la main à une ligature, c'est pour empêcher que l'élève ne se contente de la flexion des doigts, et pour le forcer à faire usage du mouvement du bras, qui plus tard, réduit au mouvement de l'avant-bras, doit jouer un rôle aussi important que nouveau dans le système.

Ce même mouvement, lorsqu'il est horizontal, a pour but principal de faire acquérir à l'élève une grande légèreté et une grande rapidité d'exécution ; mais, ainsi que le précédent, il n'est applicable qu'aux exercices. Voy. pl. 4, 5, 9, 11, 12, 17, 24, 25,

26, et les 9 planches à calquer qui doivent se tracer, soit de haut en bas, soit de gauche à droite, sans lever la plume.

La seconde espèce de mouvement se compose du mouvement de translation latérale de l'avant-bras (Voyez planche 2, page 9, l'explication de la ligne oblique *o*), combiné avec celui de la main et des doigts. Cette sorte de mouvement s'emploie exclusivement dans l'écriture usuelle, soit dans la cursive en fin, soit dans l'écriture en gros qui se trace ordinairement à main posée. Voy. p. 11, l. 16.

C'est faute de connaître cette distinction importante, que beaucoup de personnes en France ont des idées si imparfaites sur le véritable caractère du système de M. Carstairs; et il n'est pas rare d'en trouver qui vont jusqu'à prétendre que ce professeur justement célèbre recommande dans la pratique la rigidité absolue des doigts, et qu'il fait écrire par un mouvement de *va et vient* oblique, comme le ferait un automate, au bras duquel on aurait adapté une plume.

Mais ces préventions ne reposent sur aucun fondement solide, et il suffit du plus léger examen pour les dissiper entièrement.

Loin de diminuer nos moyens naturels d'exécution, M. Carstairs les a au contraire développés et les a rendus plus propres à satisfaire à toutes les conditions et à toutes les exigeances de l'art d'écrire.

En effet, son système offre tous les avantages des anciennes méthodes, sans en avoir les inconvénients. Il exige, comme elles, l'usage des doigts, si nécessaire pour donner à l'écriture tout le moëlleux et toute la grâce requise.

Hâtons-nous d'ajouter que M. Carstairs a trouvé un nouveau mouvement complexe, qui manquait aux systèmes anciens, et qui, en même temps qu'il rend l'écriture parfaitement égale, contribue puissamment à lui donner une allure libre et hardie et une prodigieuse rapidité d'exécution : il consiste à combiner simultanément le mouvement du poignet avec celui de l'avant-bras, que l'on fait glisser progressivement, à mesure que les lettres se forment et se succèdent, tandis que la partie inférieure de l'avant-bras pivote dans le même sens sur le bord de la table qu'elle dépasse de trois à quatre pouces.

Après cet exposé sommaire, espérons que personne ne sera plus tenté de confondre le système de M. Carstairs avec les Méthodes dites *du bras*, ou à mouvement d'automate, pour peu qu'on mette de côté toute prévention et qu'on prenne pour point de départ les Instructions supplémentaires de la troisième édition.

Quelques personnes graves, tout en reconnaissant et en proclamant les avantages incontestables de notre méthode, ont été frappées d'une considération qui leur a paru intéresser l'ordre public et les transactions commerciales. Voyant dans le système de M. Carstairs une espèce de procédé mécanique pour la formation des lettres, elles ont conclu qu'il en résulterait nécessairement une uniformité de type favorable aux faux en écriture.

Ces objections nous semblent plus spécieuses que justes. En effet, tous les arts graphiques qui, comme l'écriture, ont leur principe d'enseignement dans l'imitation, ne présentent jamais une identité parfaite dans leurs reproductions. La copie d'un dessin, soumis au calque le plus exact et le plus scrupuleux, offrira encore à un juge éclairé des traits de dissemblance palpables.

La même différence décèle également toutes les fraudes commises dans la typographie, dont le procédé, véritablement mécanique, semblerait devoir produire une ressemblance, une identité parfaite. Or nous savons qu'il n'est point de typographe, même médiocrement exercé, qui ne puisse, avec une légère attention, reconnaître la différence qui existe entre l'original et la contrefaçon. Les jugements des tribunaux nous en offrent les preuves les plus nombreuses.

Mais, pour nous occuper plus spécialement de l'écriture, objet de la discussion que nous agitons, l'ancienne méthode, qui prescrivait aussi à l'élève l'imitation rigoureuse des attitudes, des mouvements, des procédés mis en pratique par le maître, n'était-elle pas propre à lui donner également cette uniformité de caractères qu'on reproche à la nôtre? et cependant, a-t-on entendu dire que ce soient les élèves instruits par les mêmes leçons, qui se soient particulièrement et avec impunité rendus faussaires ou envers le maître, ou les uns envers les autres?

Les plus simples notions en physiologie nous apprennent que toute identité absolue est impossible, et que deux êtres parfaitement semblables ne peuvent exister dans la nature. Réfléchissons sur les modifications qui doivent résulter, pour l'écriture, de la différence des organes dans chaque individu, et nous resterons convaincus que l'écriture portera toujours un caractère individuel, quoique présentant un type général d'uniformité dans l'exécution.

NOTICE HISTORIQUE

SUR

LE SYSTÈME D'ÉCRITURE DE M. J. CARSTAIRS.

M. Carstairs annonça de bonne heure une vocation décidée pour l'enseignement; et comme il avait dès sa plus tendre enfance beaucoup de goût pour l'écriture, il y fit des progrès si rapides, que ses maîtres, frappés de la perfection à laquelle il était déjà parvenu, le nommèrent, à l'âge de quatorze ans (en 1797), professeur-adjoint au collège de Whickham, nommé *Free grammar school,* dans le comté de Durham, près de Newcastle-sur-Tyne. Cet établissement était alors dirigé par le révérend M. Isaac Dawson.

Depuis cette époque jusqu'à présent (1828) M. Carstairs n'a pas cessé de cultiver et d'enseigner, avec une persévérance infatigable, l'écriture, les mathématiques, la langue latine et la littérature classique. Mais cette prédilection marquée pour l'écriture qu'il avait manifestée dès son enfance, devint bientôt et fut à tous les instants de sa vie, sa passion dominante. Aussi dès ses premiers pas dans la carrière de l'enseignement, il appliqua toute son attention à chercher les moyens les plus efficaces de se perfectionner lui-même dans cet art, et en même temps de hâter les progrès des élèves confiés à ses soins. Il se retirait souvent dans une chambre particulière afin de méditer sur les moyens de trouver quelque méthode perfectionnée, capable de le conduire au but, qu était l'objet de sa louable ambition.

D'abord il se trompa complètement en s'imaginant que tout ce qu'il avait à faire, pour atteindre la perfection dans l'art d'écrire, était de s'étudier principalement à former avec symétrie les contours des lettres et à leur donner avec régularité et précision la largeur, la hauteur et la position convenables. Il persévéra dans cette erreur pendant deux ou trois ans, jusqu'à ce qu'une circonstance inattendue vint changer entièrement ou au moins modifier son opinion. Il apprit d'un de ses amis qu'un négociant cherchait un commis, et comme cette place présentait plus d'avantages que celle de professeur, il se décida à faire les démarches nécessaires pour l'obtenir. Il se présenta et réussit dans sa demande. A peine fut-il entré dans cette maison, qu'il fut chargé de copier les lettres de ce négociant nommé M. Hall ; et quelquefois il était obligé de les transcrire au moment où M. Hall les écrivait, afin que les lettres n'arrivassent pas trop tard pour l'heure de la poste. Comme M. Hall apportait peu de soin à la netteté de son écriture et qu'il avait l'habitude d'écrire vite, M. Carstairs reconnut qu'il fallait quelque chose de plus que l'élégance et la régularité. Il sentit qu'il était pour lui de la plus grande importance d'acquérir une exécution rapide; car au lieu d'avoir copié toutes les lettres, il en avait à peine transcrit la moitié d'une, que déjà M. Hall les avait toutes terminées. Ce défaut de rapidité affecta vivement M. Carstairs, et lui causa pendant quelques jours et même pendant plusieurs semaines un tourment continuel. Ne trouvant aucun moyen de remédier à cet inconvénient (quoique son écriture, exécutée lentement, fît l'admiration de beaucoup de personnes), il se retira encore une fois dans sa chambre, et pendant quelque temps, il se condamna à une réclusion volontaire, pour réfléchir profondément, et imaginer différents moyens d'écrire avec rapidité : il se fût estimé heureux d'écrire aussi vite que M. Hall.

Cependant, au bout de trois mois, il quitta cette place, et renonça à la carrière du commerce. Il rentra alors dans l'enseignement, mais avec la ferme résolution de trouver, s'il était possible, quelque moyen d'écrire plus rapidement. S'occupant de nouveau d'enseigner l'écriture, il essaya différents procédés, dont il fit faire l'application à ses élèves; et, observant avec une attention toute particulière les effets qui en résultaient, il commença insensiblement à modifier les idées qu'il s'était faites d'abord. Il reconnut qu'en écrivant chaque mot sans lever la plume, et en donnant à la main un léger mouvement de progression, il pouvait écrire, non-seulement avec plus d'aisance, mais même avec plus de rapidité. C'était un grand pas vers la perfection. Ce succès l'encouragea, et lui donna la persévérance nécessaire pour découvrir des moyens plus efficaces. Il commença à grossir de jour en jour la somme de ses procédés et à mettre en pratique un nouveau genre d'écriture; et trouvant que, d'après ces principes, ses élèves particuliers faisaient des progrès surprenants, il se hasarda à offrir ses services au public, après une étude et des efforts soutenus pendant six ans (de 1797 à 1803), pour atteindre le but qui était l'objet de ses vœux. Ce ne fut qu'en 1809 qu'il réussit à répandre universellement son systême.

En 1809 il fit connaître sa méthode dans

le *Tyne Mercury*, journal publié alors par M. Mitchell, à Newcastle-sur-Tyne, dans le Northumberland.

Depuis l'année 1809, les journaux et les revues ont continué de rendre compte de ses méthodes, qu'il a enseignées, dans différentes parties de l'Angleterre et de l'Irlande, à plusieurs milliers d'élèves, dont la plupart occupent aujourd'hui les premiers rangs dans la société et l'administration de la Grande-Bretagne.

Depuis cette époque jusqu'aujourd'hui (1828), il a ajouté chaque année de nouveaux perfectionnements à l'art qu'il professe.

Tel est le précis de l'origine et des progrès de la méthode d'écriture inventée par M. Carstairs. Il eût été facile de s'étendre sur la faveur qu'il a obtenue et la protection honorable dont il a été constamment entouré ; nous pourrions parler aussi des obstacles que lui ont opposés les préjugés et l'obstination de la routine ; mais comme ces faits sont déjà suffisamment connus, nous laissons à d'autres le soin de les développer d'une manière plus complète.

MÉTHODE

DE

J. CARSTAIRS.

MÉTHODE

DE

J. CARSTAIRS.

INSTRUCTION

SUR LA MANIÈRE DE TAILLER LES PLUMES.

Planche 2.

Le moyen le plus sûr pour faire choix de bonnes plumes, c'est d'en examiner avec soin la partie supérieure, en observant si la tige au-dessus du tuyau est épaisse, large et solide, avec peu de barbe à l'extrémité. Les barbes doivent être courtes et commencer brusquement vers le milieu de la plume. La longueur du tuyau d'une plume d'oie est généralement de huit ou dix centimètres ; la partie supérieure est de deux centimètres et demi ou même davantage, et celles dont le plumet est trop fourni, preuve certaine de leur mauvaise qualité, n'ont guère que deux décimètres au-dessus du tuyau.

Opérations préparatoires pour la taille.

Avant d'entamer le tuyau, enlevez deux ou trois pouces du plumet, puis, avec le dos du canif, ratissez légèrement et d'une manière uniforme le tuyau dans son entier (et non pas le dos seul, comme on le recommande quelquefois), pour en rendre la surface nette et unie. Renversez la plume, le dos en haut, en la tenant serrée entre le pouce et l'index de la main gauche, tandis que l'extrémité du pouce droit lui sert de support dans le voisinage du bec. Tenez le canif de la main droite, la lame dirigée vers le bout du tuyau, puis faites une entaille légère et oblique, à partir du tuyau jusqu'à l'orifice (*fig.* 1). Renversez ensuite la plume en sens contraire ; faites une seconde entaille de la même manière, et, autant que possible, sous un angle égal, ce qui formera deux saillies angulaires (*fig.* 2). Puis, la plume étant toujours couchée sur le dos, et tenue entre le pouce et l'index de la main gauche, tandis que le côté droit du pouce de l'autre main lui sert de support, tenez le canif à plat, au-dessus d'elle, et faites une entaille qui prenne à environ un pouce de l'extrémité, et aboutisse aux saillies angulaires (*fig.* 3) : deux ou trois coups de canif de plus sur les bords, la mettront dans l'état convenable pour recevoir la fente.

De la fente de la plume.

Tenez la plume renversée sur sa partie évidée, faites entrer légèrement le tranchant du canif dans la section du dos comprise entre les deux saillies, et, par un mouvement brusque du bout du pouce de la main droite, tandis que le pouce de la main gauche tient le dos de la plume fortement assujetti dans le voisinage de la coupe, faites partir la fente au milieu et à distance égale des deux saillies. La fente se trouvera ainsi convenablement formée (*fig.* 4), si l'on a eu la précaution de ratisser suffisamment le dos du tuyau. On peut aussi, après avoir commencé l'incision avec la lame, l'achever en introduisant une seconde plume dans le tuyau de la première, ou à l'aide d'un poinçon qui se trouve quelquefois adapté au manche de l'instrument.

Manière d'évider les carnes de la plume.

La plume ainsi fendue (*fig.* 5) et retournée sur la partie évidée, pratiquez sur la droite une entaille qui commence un peu au-dessous de la partie supérieure de la fente, pour l'écriture en gros (*fig.* 8[a]), et un peu au-dessus pour celle en fin (*fig.* 7[a]), en observant de donner aux sections latérales une direction de plus en plus oblique, en sorte que le côté droit du bec, dont l'extrémité déterminera la longueur qu'on veut laisser à la fente, se termine en pointe.

On aura soin d'évider le bec de la plume à chaque coup de canif, pour donner à la carne une forme élégante.

Retournez ensuite la plume, et pratiquez la même opération sur le côté gauche, en faisant jouer le canif à l'aide de la pression de la main, jusqu'à ce que cette carne, qui doit commencer à la même hauteur que la carne droite, se termine également en pointe, et soit exactement de la même longueur (*fig.* 7).

Section du bec de la plume.

Les becs évidés, exercez une pression sur le dos de la fente, avec le pouce de la main droite, pour qu'elle ait plus d'adhésion et de fermeté : puis, la plume étant retournée le dos en dessus, et se trouvant assujettie dans cette position par les deux doigts voisins, entre lesquels elle est tenue, appliquez le bec sur l'ongle du pouce gauche. Inclinez légèrement le canif sur son tranchant, dans une direction horizontale, et pratiquez vers l'extrémité de la plume une section légère et oblique, qui prenne sur son épaisseur (*fig.* 8 et 9) : alors, redressez l'instrument en le plaçant obliquement, de droite à gauche, sur l'extrémité du bec, de manière que la direction du canif forme un angle aigu avec celle de la plume, et enlevez une portion du bec aussi mince que possible. L'obliquité de la lame donne au côté droit du bec un peu plus de longueur qu'au côté gauche (*fig.* 7[a], 8[a] et 9[a], 10 et 11), ce qui met en état de tracer les déliés plus fins que si son extrémité étoit coupée horizontalement.

La fente doit être d'une longueur d'environ trois lignes (6 millimètres), aussi bien pour l'écriture en gros (*fig.* 9[a]) que pour l'expédiée (*fig.* 7[a]); seulement, la largeur du bec doit être proportionnée aux dimensions de l'écriture; plus grande, par exemple, pour la *gothique*, que pour l'écriture en gros. Dans le cas où le tuyau de la plume aurait trop de dureté et d'épaisseur, on fera bien d'en amincir légèrement le dos dans toute la longueur de la fente. Par-là elle acquerra plus d'élasticité, et jouera sur le papier avec plus d'aisance, tandis qu'une plume trop dure n'y tracerait que des sillons pénibles. Non-seulement la longueur de la fente ajoute à la liberté d'exécution, mais elle établit une distinction marquée entre les traits que forme la plume dans les mouvements ascendants et descendants. Lorsque le tuyau a toute la consistance requise, une longue fente est préférable, et contribue à la rapidité de l'exécution.

USAGE

DES DIFFÉRENTES PLUMES

REPRÉSENTÉES SUR LA PLANCHE (1).

N° 7, Plume pour l'expédiée, dont l'extrémité du bec n'a pas encore reçu la dernière coupe.

N° 7ª, La même plume terminée.

N° 8ª, Plume pour copier la planche 7.

N° 9ª, Plume pour la planche 8.

N° 10, Plume pour écrire en fin.

N° 11, Plume pour écrire très-fin ou tracer de légers contours en dessinant.

Nos 8 et 9, opération pour amincir le bec de la plume. Nous avons indiqué, par une ligne oblique, le léger biseau que doit former cette section.

Cette opération, qui précède la coupe finale (pag. 6, l. 26), doit se pratiquer aussi, mais avec plus de ménagement, sur les plumes marquées 7ª, 10 et 11.

---

(1) Cette planche ne se trouvait dans aucune des six éditions anglaises. Elle a été gravée, pour cette traduction, d'après des modèles de plumes envoyés à l'éditeur par M. Carstairs.

TALANTOGRAPHE.

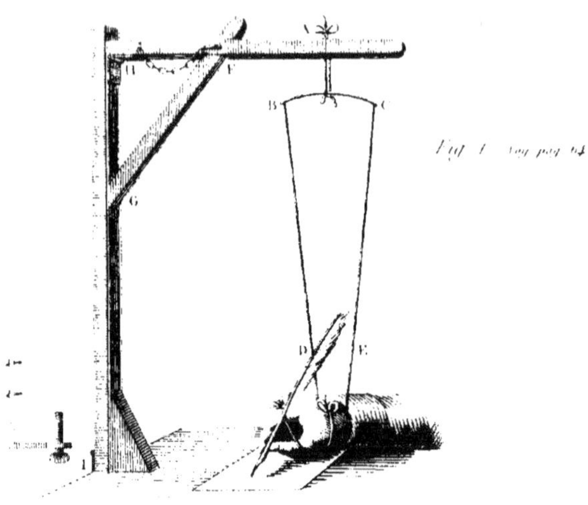

Fig. 1. Voy. pag. 64.

Position du bras.

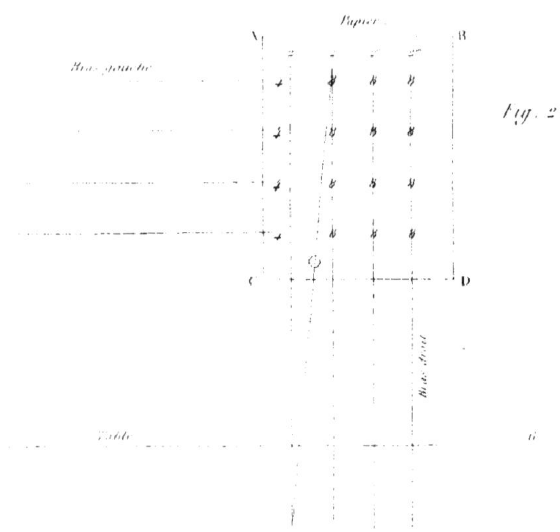

Fig. 2.

EXPLICATION DE LA FIGURE 2.

a, *b*, *c*, *d*. représentent le papier.

Les lignes de 3 à 4, représentent la position du bras gauche.

Les lignes de 1 à 2, représentent la position du bras droit.

3 est le coude et 4 l'extrémité de la main gauche.

1 est le coude et 2 l'extrémité de la main droite.

5 et 6 représentent le bord de la table.

La ligne oblique *O* représente la position oblique de l'avant-bras lorsque la plume est arrivée par le second mouvement, au bout d'un mot d'une certaine étendue ou de plusieurs mots d'un petit nombre de syllabes.

1 et 2 représentent toujours le premier mouvement, c.-à-d. le mouvement de tout le bras, lorsqu'après avoir fini un long mot ou plusieurs mots courts, on transporte l'avant-bras un peu plus loin, devant la place où l'on veut écrire les mots suivants.

8 représente l'extrémité de la main droite, le bec de la plume et les lignes d'écriture qui se succèdent de haut en bas.

Le coude, placé à 1, doit glisser le long de la table de 1 à 1′, de 1′ à 1″, de 1″ à 1‴ etc., et ainsi de suite, jusqu'à la fin de la ligne. La main doit par un mouvement analogue, glisser de 2 à 2′, de 2′ à 2″, de 2″ à 2‴ etc.

Note de l'éditeur. Quelques personnes, au lieu de faire descendre la main et l'avant-bras, à mesure qu'elles recommencent une nouvelle ligne, se contentent de remonter le papier avec la main gauche.

OBSERVATIONS DE L'ÉDITEUR

Sur l'espèce de mouvement qui convient à l'exécution de chaque planche.

M. Carstairs distingue trois sortes de mouvements, 1° le mouvement de tout le bras, 2° le mouvement de la main et de l'avant-bras, 3° le mouvement des doigts.

Le mouvement de tout le bras, avec ou sans celui de la main et des doigts, n'est appliquable qu'aux exercices horizontaux destinés à préparer à l'écriture cursive, ou aux exercices perpendiculaires qui ont pour but d'accoutumer l'élève à conserver uniformément la même position de la main et de la plume. Voy. pl. 4, 5, 9, 11, 12, 17, 24, 25, 26 et les 9 pl. d'exemples à calquer (1).

Le mouvement de l'avant-bras, combiné avec celui de la main et des doigts, est le seul qui convienne à l'écriture usuelle, soit en fin, soit en gros. Voy. pl. 3, 6, 8, 13, 21 et les douze planches d'écriture en gros.

---

(1) Lorsque l'élève exécutera facilement le mouvement enseigné dans la leçon I, ce sera pour lui un exercice infiniment utile de copier avec un papier transparent (Voy. pag. 25.) les exemples à calquer qui sont tracées dans une direction perpendiculaire.

Après les six leçons et quand il aura acquis suffisamment la position de la main et de la plume, il pourra imiter de même, soit à l'encre, soit au crayon, avec ou sans papier transparent, les exemples horizontales du même cahier, qui ont pour but de l'accoutumer à lier toutes les lettres entre elles et à se familiariser avec le mouvement de translation latérale de gauche à droite, et avec le mouvement d'adduction de droite à gauche.

Dans ces planches, qui pourraient au premier coup d'œil paraître dessinées et gravées avec moins de goût et de soin que les autres qui composent l'Atlas, on a moins songé à l'élégance et à la pureté des formes, qu'à la rapidité du mouvement qu'elles ont pour but de faire acquérir, et qui est surtout le trait distinctif et le mérite principal de la méthode de M. Carstairs.

Les 9 exemples à calquer, ainsi que les douze exemples en gros, ne se trouvaient point dans les deux éditions précédentes ni dans l'édition anglaise.

INSTRUCTIONS

Sur la position du Corps, sur la tenue de la plume, et sur les différents mouvements prescrits par le nouveau Système d'écriture (1).

Afin d'acquérir la connaissance complète de l'art d'écrire, il importe d'abord de se familiariser avec les procédés qui conduisent d'une manière infaillible à une parfaite exécution. On doit en contracter l'habitude et la conserver constamment non-seulement dans toutes les leçons complémentaires, mais même dans la suite à toutes les époques de la vie. Il convient donc d'employer tous ses efforts pour se bien pénétrer des premiers principes de cet art précieux qui intéresse si puissamment toutes les classes de la société, et de se les rendre tellement familiers qu'aucun motif, aucune circonstance ne puisse les effacer de notre mémoire. Si l'on juge qu'il est important de se faire une idée exacte de la forme et du caractère de chaque lettre, je soutiens qu'il est plus nécessaire encore de connaître les différents mouvements qu'exige l'exécution de chaque lettre en particulier, dans toutes les dimensions d'écriture.

(1) Ce morceau était en grande partie inédit.

Et certainement il doit y avoir un mouvement ou des mouvements requis pour les former, autrement, comment pourrait-on y réussir? Mais comme l'action de celui qui écrit a évidemment quelque chose de mécanique, les principes d'enseignement doivent aussi reposer sur des données mécaniques, et être simplifiés de manière qu'ils ne puissent échapper à l'intelligence de l'élève.

Position du corps.

Lorsqu'on écrit, il est de la plus grande importance de se tenir assis d'une manière convenable. Car quelque versé que soit l'élève dans les différents mouvements qu'exige chaque genre d'écriture, ces mouvements peuvent être imparfaits, s'il n'observe pas strictement la vraie position du corps, et ils peuvent devenir plus faciles ou plus difficiles, selon que le corps se rapproche ou s'écarte de la position convenable; et comme il ne peut y avoir qu'une véritable position du corps dans toute espèce d'écriture oblique, l'élève doit se la rendre parfaitement familière et ne s'en écarter jamais. En second lieu, et ce qui peut-être n'est pas moins important, la véritable position de la main et de la plume demande l'attention la plus sévère et la plus scrupuleuse. Mais comme dans toute écriture, il ne peut y avoir qu'une vraie position de la main, on doit faire tous ses efforts pour l'acquérir, de manière à s'en faire une habitude, dont on ne puisse s'écarter en aucune occasion.

Position de la plume.

Il paraît sans doute de toute évidence que la main et la plume doivent, autant que possible, conserver la même élévation et la meme position, au commencement, au milieu et à la fin du même mot et de la même ligne : mais je suis convaincu qu'on trouverait à peine une personne sur dix (parmi celles qui ont appris par l'ancienne méthode), qui, dans l'écriture cursive, gardât la même position de la main et de la plume dans les différentes parties d'un mot; et alors, comment l'écriture peut-elle paraître rangée, uniforme et correcte?

Par exemple, dans l'écriture à main posée, le petit doigt, qui sert ordinairement d'appui, reste immobile dans sa position, et les lettres, qui se succèdent, sont formées uniquement par le jeu flexible des doigts supérieurs, sans que le petit doigt suive leur mouvement. Il en résulte, dans la cursive, qu'une ligne d'écriture se compose d'un nombre successif de courbes irrégulières et de mouvements saccadés de la main et de la plume, de sorte que la main, dans son mouvement de progression, se renverse et tend graduellement à découvrir sa partie intérieure. Alors la plume, soumise à des variations d'inclinaison, trace des lettres qui varient dans leurs formes, et l'écriture paraît inégale et dévie de sa direction.

1°, Si la main varie dans sa position en écrivant, le bec de la plume doit évidemment changer de position, et les jambages ou les déliés ne peuvent conserver ni la même uniformité ni la même obliquité; 2°, si l'on ne donne pas d'abord à l'élève une position sûre et arrêtée, il arrive fréquemment qu'à sa sortie de l'école, lorsqu'il commence à écrire vite, sa main se jette à droite, se trouve en contact avec la table ou le pupitre; et dans ce cas, sa plume se renverse tellement qu'il lui devient impossible d'écrire autrement qu'avec le côté du bec; 3°, la négligence que mettrait l'élève à tenir convenablement la main et la plume, retarderait souvent ses progrès, et lui donnerait en écrivant de ces habitudes vicieuses que l'on conserve généralement toute la vie. Enfin, si la fente de la plume ne porte pas uniformément, les traits descendants seront d'une grosseur inégale.

Ma méthode forme l'élève à écrire dans

une direction perpendiculaire, c'est-à-dire qu'au lieu de le faire écrire de gauche à droite, je l'exerce à commencer au haut de la page et à descendre graduellement (sans lever la plume), dans une direction perpendiculaire, jusqu'au bas de la page. Cette méthode permet à la main et à la plume de conserver la même élévation et la même position, aussi bien à la fin qu'au commencement de la colonne.

Le procédé employé pour passer d'une lettre à une autre, ou d'un mot à un autre, au moyen de courbes ou de lignes droites, doit nécessairement donner plus d'aisance et de liberté au mouvement de la plume, et, dans tous les cas, si on le suit constamment, l'écriture y gagnera beaucoup sous le rapport de la rapidité de l'exécution.

Les lignes qui joignent les lettres ou les mots doivent être tracées avec légèreté, et à cette fin, le bras doit porter avec aisance sur la table ou le pupitre, et la plume, glisser sans trop de pression sur le papier, de manière à ne point donner aux traits descendants et ascendants plus de grosseur que si l'on n'appuyait point dessus. Cette manière de tenir la plume, sans trop de pression, peut être appliquée à l'écriture en gros. Si la plume faisait les traits descendants trop grêles, ce serait la faute de l'instrument et non celle de l'écrivain. Le bec de la plume doit être taillé de manière à répondre à la grosseur ou à la finesse qu'on veut donner à l'écriture.

Lorsqu'on appuie trop sur la plume, elle fait ordinairement un plein défectueux et un délié peu net et formé d'une manière incertaine.

Position du bras. Mouvements.

Il est reconnu sans doute que les différents mouvements, la position du corps, et celle de la main et de la plume, sont la première et la plus importante condition de l'art d'écrire, et exigent même un plus grand dégré d'attention et de soin qu'il n'en faut communément pour réussir à donner à l'écriture de la pureté, de la symétrie, et une élégance soutenue. Car si on n'est pas d'abord bien pénétré de ces principes, on ne pourra jamais acquérir et conserver le fini, l'aisance et la rapidité de l'exécution.

La meilleure position est de tenir le corps droit, et de ne point se pencher en avant, mais plutôt de s'appuyer ou de se reposer sur le bras gauche, en laissant au bras droit toute sa liberté.

On doit placer le papier droit, c'est-à-dire d'équerre avec le bras droit, de manière qu'il soit parallèle aux parties latérales de la table. (Voyez la figure, pag. 9.)

Il est de la plus grande importance pour la santé de se tenir droit, et cette position permet à l'élève d'écrire avec plus d'aisance, en même temps qu'elle est plus élégante et plus gracieuse.

1°. Le poids du corps ne doit nullement porter sur le bras droit.

2°. Maintenez le corps dans une position droite.

3°. Le corps se soutiendra sur le bras gauche, qui est son véritable point d'appui, tandis que le bras droit (voyez la fig. pag. 9.), pendant qu'on écrit, repose sur la table ou le pupitre.

4°. Le papier sera droit ou parallèle à la table, en même temps que le bras droit sera parallèle aux parties latérales du papier.

5° Enfin, pour que ceux dont la vue est bonne, puissent facilement voir dans les plus petits détails les caractères qu'ils tracent, ils doivent se conformer strictement aux instructions suivantes :

Observez d'abord que la position du corps corresponde à celle de l'écriture.

En général on doit donner aux lettres une pente oblique de 53 à 60 degrés (voy. pl. 25), rapprocher de la table le côté gauche du corps et placer ses jambes obliquement de manière qu'elles soient dans la même direction que l'écriture, c'est-à-dire que les jambes doivent s'étendre de gauche à droite, au lieu d'être placées droit en face de la personne qui écrit, comme on le pratique communément. Ayez soin aussi de tenir le corps droit, et alors trouvant un appui convenable sur le bras gauche, il ne pourra peser de tout son poids sur le côté droit. Cette position, qui donne au corps une attitude assurée, laisse un jeu facile au bras droit et lui permet de se mouvoir avec une liberté entière.

En général, les personnes qui ont appris par l'ancien système, s'asseient droit en face de la table, c'est-à-dire en tenant le côté droit et le côté gauche du corps à une égale distance de la table; il résulte de là que l'on s'appuie trop pesamment sur le bras droit, et alors il est impossible que la m an glisse librement sur le papier, parce que la main et la plume se trouvent forcées d'agir en sens contraire de la direction ou de la pente oblique de l'écriture.

En second lieu, si le côté gauche du corps se rapproche de la table, comme je l'ai recommandé, la tête de l'élève s'appuiera davantage à gauche et lui permettra de voir, dans les plus petits détails, tous les caractères qu'il trace; ajoutons qu'il n'éprouvera aucune gêne à écrire, qu'il se trouvera dans une posture aisée et commode, et qu'il pourra écrire, s'il est besoin, avec la plus grande rapidité possible.

3° Si l'on s'appuie sur le bras gauche, tous les mouvements acquerront plus de précision. Ayez toujours soin que le papier soit parfaitement d'équerre avec le bord de la table, et le bras droit parfaitement parallèle au papier; que le papier soit toujours en face du bras droit, et qu'ils forment une ligne parallèle. Le bras gauche, depuis le coude jusqu'au bout des doigts, sera appuyé sur la table dans une direction horizontale, à quatre ou cinq pouces du bord, tandis que le bras droit s'étendra dans une position perpendiculaire, légèrement appuyé sur le bord, à environ trois ou quatre pouces du coude. La main glissera légèrement sur la surface des ongles du 3e et du 4e doigt.

On doit apporter une attention toute particulière aux observations suivantes, qui sont destinées à guider l'élève, particulièrement lorsqu'il touche à la fin de son cours.

Lorsque l'élève peut obtenir en gros et en fin une écriture bien formée, en employant séparément chacun des trois mouvements suivants :

1° Le mouvement de tout le bras (le premier qu'on doit enseigner à l'élève) :

2° Le mouvement de la main et de l'avant-bras, le bras droit étant légèrement appuyé sur la table dans le voisinage du coude :

3°. Enfin, le mouvement des doigts et du pouce. Alors on lui apprend à combiner le mouvement des doigts, de la main et de l'avant-bras, dans l'écriture cursive; et toutes les fois qu'il aura besoin d'une grande rapidité, il devra se conformer strictement à ce principe.

La combinaison des mouvements dont nous venons de parler, si favorable à la célérité de l'exécution, convient particulièrement au commerce et à la correspondance.

Mais lorsqu'on a besoin d'écrire à main posée en gros ou en fin, on ne doit faire usage que du premier et du second doigt et du pouce, en s'appuyant avec légèreté sur les ongles du 3e et du 4e doigt, et en tenant le bras droit mollement posé sur la table dans le voisinage du coude. (Voy. la fig. pag. 9.) Dans ce cas on peut lever la plume après chaque lettre ou après deux ou trois lettres, selon qu'on le jugera convenable, mais on ne doit user de cette liberté que lorsque l'écriture doit être tracée avec une grande régularité, et lorsqu'on veut arriver dans la forme des lettres à une exactitude rigoureuse. Alors il est absolument nécessaire de lever de temps en temps la plume, dans l'étendue d'un mot, mais jamais on ne doit prendre cette liberté dans l'écriture cursive.

Lorsque l'élève écrit par le second mouvement ou par le second et le troisième mouvement combinés, il doit toujours faire glisser le coude le long de la table, à la fin de chaque mot, de manière que la main et le coude se trouvent directement en face de l'endroit où doit s'écrire le mot suivant. Ensuite, il s'appuiera de nouveau sur la partie inférieure de l'avant-bras dans le voisinage du coude, pour écrire le mot suivant par le mouvement de la main, ou par les mouvements de la main et des doigts, dont nous venons de parler plus haut. Puis, il fera encore glisser le coude, afin de placer à chaque fois le bras autant que possible en face du mot qu'il va écrire; il continuera de la même manière, à chaque mot, jusqu'au bout de la ligne.

Lorsque l'élève exécute l'écriture en gros, il peut toujours lever la plume pour tracer les lettres *a*, *d*, *g*, *q*, *c*, *s*, *x*; mais il ne doit jamais prendre cette liberté dans l'écriture cursive.

Enfin, dans toute espèce d'écriture d'ornement, telle que la gothique, l'ancienne anglaise, la ronde, les capitales imitant l'impression, et toute autre écriture droite, le corps doit être placé en face de la table :

mais en général cette position n'est point admissible dans l'écriture oblique; en effet, la position du corps doit toujours correspondre à la direction qu'on donne à l'écriture.

INSTRUCTIONS POUR LA PLANCHE 7.

La méthode exposée dans les pages suivantes, est recommandée aux maîtres en général, comme particulièrement propre aux enfants, aux personnes d'une capacité médiocre, et à tous ceux qui ne sont point familiarisés avec les premiers éléments de l'art d'écrire. L'auteur a pris à tâche de décomposer l'alphabet en quelques-uns de ses premiers éléments, afin d'aider l'intelligence de l'élève, et d'exercer ses moyens; il ne s'est pas montré moins soigneux d'éviter le double écueil de la prolixité et d'une simplification excessive.

Lorsque l'élève aura appris à former avec facilité les traits correspondant à chaque numéro particulier, il les combinera les uns avec les autres, et en composera des lettres avec facilité et avec plaisir. Les numéros indicateurs n'allant pas au-delà de 12 et de 17, la forme et la position des traits seront plus faciles à saisir et à retenir, en supposant un moniteur, que si l'alphabet entier se trouvait numéroté.

Les caractères de la première ligne de la planche 2, comprenant les éléments qui forment la majorité des lettres alphabétiques, doivent être appris de mémoire par une reproduction fréquente, de manière que l'élève se mette en état de connaître la forme de chaque caractère isolé, tels que les offre la planche sous chaque numéro correspondant. Lorsqu'il sera parvenu à ce point, le maître lui citera à volonté les chiffres indicateurs, et lui fera tracer les caractères qui s'y rapportent, jusqu'à ce qu'il les ait suffisamment gravés dans sa mémoire. Ensuite, on pourra lui apprendre à combiner ensemble les différents caractères, et à en composer les lettres de l'alphabet. Ainsi, les caractères qui correspondent aux numéros 1 et 2, forment la lettre *a;* ceux qui sont marqués 3, 2 et 4, forment la lettre *b;* les numéros 5, 6 et 7, la lettre *c;* 1, 3 et 2, la lettre *d.* — L'élève continuera ainsi à joindre ensemble ces caractères, qui se prêteront facilement à former successivement toutes les lettres. Après quoi, il s'exercera à assembler les lettres, et à en former des mots : par exemple, le mot *uncommon*, ou le mot *union*, qui se trouve à la seconde ligne de la même planche, ou tout autre également aisé. Il aura soin de copier chaque jour, plusieurs fois, les caractères élémentaires, en leur donnant au moins quatre pouces de hauteur. Cet exercice assurera un jeu libre aux doigts et à la plume, et mettra l'élève en état d'écrire plus fin avec beaucoup d'aisance et d'aplomb.

Lorsque l'élève possède suffisamment les instructions relatives à la planche 7, et qu'il a acquis un certain degré de liberté dans le maniement de la plume, il peut de temps en temps essayer de former l'alphabet entier, au moyen des caractères élémentaires de la planche 8.

Une longue expérience dans l'enseignement a convaincu l'auteur qu'il y a un avantage considérable à calquer les lettres sur un papier transparent. Le papier *pelure vélin* ou *vergeuré* convient le mieux pour cet usage, attendu qu'il est extrêmement mince et transparent, et qu'il ne boit pas lorsqu'on écrit dessus. Les exemples en gros caractères pourront communément être calquées de cette manière, comme se dessinant d'une manière plus distincte à travers le papier. Ce dernier procédé est assez coûteux, et ne serait point assez économique pour les écoles de charité; cependant on ferait des progrès plus rapides en le suivant, et l'écriture en acquerrait plus d'élégance et de précision. Si le maître se conforme fidèlement à ces instructions, il finira par en reconnaître toute l'utilité.

Je recommande cette méthode de calquer aux personnes qui désirent d'exceller dans l'art d'écrire. Mais comme l'écriture en fin ne se verrait point distinctement à travers le papier, sans une préparation préliminaire, on aura recours au procédé suivant :

Prenez une feuille de papier *pelure vélin* ou *vergeuré*; passez sur toute la surface une barbe de plume trempée dans l'huile d'olive. Frottez-la avec un chiffon mince jusqu'à ce qu'elle soit parfaitement sèche, et ensuite tenez-la devant le feu pendant quelques minutes. Vous pourrez alors calquer sur ce papier chaque lettre, mot ou ligne, avec un crayon de mine de plomb : les crayons Conté, N° III, seront excellents pour cet objet.

INSTRUCTIONS POUR LA PLANCHE 8.

Les caractères de la planche 8, combinés convenablement, forment tout l'alphabet. Ils sont d'une dimension moindre que ceux de la planche 7; mais il est à propos de les tracer souvent dans le commencement, en leur donnant deux ou trois pouces de hauteur, selon qu'on le jugera convenable ; et lorsque l'élève aura acquis une habileté suffisante, on pourra lui permettre de donner à ses exercices en gros la dimension des caractères de la planche 8. Dans cette leçon*, comme dans la précédente, on apprendra à l'élève à former les lettres à l'aide des caractères élémentaires, et à en composer des mots entiers. — La seconde ligne de la pl. 3 en offre un exemple. L'alphabet entier peut être ainsi formé :

a se forme avec	1 et 2.	*n* se forme avec	10 et 8.
b	16 et 4.	*o*	1.
c	5.	*p*	3 et 8.
d	1 et 16.	*q*	1 et 17.
e	7 et 5.	*r*	10 et 4.
f	13 et 14.	*s*	7 et 11.
g	1 et 15.	*t*	16.
h	6 et 8.	*u*	2 et 2.
i	2.	*v*	8 et 4.
j	15.	*w*	2, 2 et 4.
k	6 et 9.	*x*	12 et 5.
l	16.	*y*	8 et 5.
m	10, 10 et 8.	*z*	4, 7 et 12.

Quand l'élève est en état de former avec facilité les lettres au moyen des caractères, il doit s'exercer à reconnaître les numéros correspondant à chaque caractère, sans qu'ils s'y trouvent annexés. Dès qu'il est suffisamment familiarisé avec ce genre d'exercice, le maître doit lui faire écrire, sous la dictée, toute espèce de mots de son choix, en lui énonçant successivement les numéros de chaque caractère élémentaire, jusqu'à l'entier achèvement du mot. Prenons, par exemple, le mot *command:* la lettre *c* est marquée 5; — l'*o*, 1; — l'*m*, 10, 10 et 8; — l'*m* suivante, 10, 10 et 8; — l'*a*, 1 et 2; — l'*n*, 10 et 8; — le *d*, 1 et 16. On procèdera de même pour tout autre mot.

Lorsque l'élève est en état d'écrire un caractère quelconque, d'après l'énonciation du numéro qui s'y rapporte, il s'ensuit qu'il a parfaitement présentes à l'esprit la forme et la proportion exactes de chaque lettre. Ce but, auquel on ne parvient que rarement en deux ou trois années, par le mode ordinaire d'enseignement, l'auteur s'engage à l'atteindre, par cette méthode, au bout de quelques semaines. Le maître qui fera l'essai de ce procédé, trouvera du plaisir à le suivre, en voyant ses élèves faire chaque jour de nouveaux progrès, et en même temps, ceux-ci considèreront ces exercices plutôt comme un amusement que comme une tâche.

ADDITION AUX PLANCHES 7 ET 8.

Avant que l'élève passe aux leçons où il aura à s'occuper de l'écriture en fin, lorsqu'il se sera bien pénétré des instructions données pages 22 à 27, le maître lui donnera une collection complète d'exemples en gros (1), et lui en fera remplir, à chaque leçon, plusieurs pages de son cahier, en observant qu'il ne doit point lever la plume dans le tracé d'un mot entier (excepté dans *a, c, s, x*. Voy. pag. 21), absolument de la même manière que dans l'expédiée. Les lettres auront au moins un pouce de hauteur. Ayez soin que, durant cet exercice, le jeu du bras soit libre et facile, et n'appuyez point trop pesamment sur la table ou le pupitre. L'élève doit continuer strictement cet exercice pendant environ un mois, avant de passer à l'écriture en fin. Ce serait une chose infiniment utile de pratiquer encore long-temps ce genre de travail. On fera même bien de ne point l'abandonner pendant toute la durée de l'enseignement. On y gagnera de la hardiesse, de l'assurance et de la liberté.

(1) Voy. dans l'Atlas les 12 planches en gros.

LEÇON I.

Planche 5.

Dans la vue de donner au bras le jeu et l'aisance si nécessaires pour l'écriture cursive, je trouve convenable d'attacher les doigts de l'élève dans le commencement, pour empêcher le mouvement des articulations. Je lie les deux premiers doigts et la première phalange du pouce, entre lesquels la plume se trouve tenue, à l'aide d'un cordon (1) d'environ huit pouces de longueur, de sorte que l'élève est forcé de mouvoir le bras pour former les lettres.

Je lie pareillement le troisième et le quatrième doigt, afin qu'ils puissent se maintenir dans la position convenable. Le cordon qui les assujettit, les ramène sous la main, autant qu'il est nécessaire pour que la surface des ongles puisse glisser sur le papier. A cet effet, on prend un morceau de ruban dont on attache le milieu juste entre les ongles et la première articulation du troisième et du quatrième doigt; puis, avec les deux bouts, on ramène les doigts sous la main, de manière à pouvoir attacher le ruban autour du poignet.

(1) Quelques maîtres, au lieu de ruban, se servent d'un anneau en cuir mince. (*Not. de l'Edit.*)

Le but principal que nous nous proposons en attachant les doigts supérieurs et le pouce, est d'empêcher leur trop grande flexion, lorsque l'élève s'essaie à acquérir les grands mouvements. Chaque mouvement (des doigts, de la main et du bras) doit s'acquérir, l'un après l'autre, d'une manière distincte et correcte. Or, si l'on permettait à l'élève de mouvoir les doigts, lorsqu'il s'exerce aux grands mouvements du bras et de la main, il résulterait de là qu'il n'acquerrait que rarement ou jamais un seul de ces mouvements d'une manière complète, à cause de la disposition naturelle que tout le monde a (surtout ceux qui ont appris par l'ancienne méthode) à ne se servir, en écrivant, que du pouce et des deux premiers doigts.

Les personnes qui désirent d'acquérir le libre maniement de la plume, doivent, ensuite, tenir le bras parfaitement libre et maître de tous ses mouvements, et en même temps apporter une attention particulière à la posture qu'il convient de garder en écrivant. Je recommande de tenir le corps parfaitement droit. Ceux qui sont disposés à se pencher en avant (posture que je suis loin d'approuver), feront bien de s'appuyer sur le bras gauche, et de tenir le bras droit avec une extrême légèreté, et de le laisser entièrement libre, afin qu'il puisse se mouvoir, à volonté, dans quelque direction que ce soit. Le bras droit ne doit aucunement porter sur la table, ou, en d'autres termes, il faut lui laisser toute la légèreté possible. Placez le cahier ou la feuille de papier sur laquelle vous vous proposez d'écrire, en face de vous, dans une direction parallèle à la table ou au pupitre : commencez la première ligne ou colonne de la planche n° 5, et tâchez de tracer d'une manière uniforme les caractères ou liaisons bouclées qui ont la figure de longues *s*, en observant que, durant cette opération, il faut qu'à chaque mouvement de la plume le bras glisse avec aisance sur la surface des ongles du troisième et du quatrième doigt (1). Il ne faut pas lever une seule fois la plume depuis le commencement jusqu'à la fin de la colonne ; et, soit qu'elle descende, soit qu'elle remonte, elle ne doit tracer que des déliés.

Lorsque vous avez acquis, jusqu'à un certain point, l'aisance et la liberté de mouvement requises, en pratiquant les caractères qui ont la forme de longues *s*, passez à la ligne des *m*. Dans cette ligne-ci, comme dans la précédente, enchaînez successive-

(1) Voy. les Instructions de la pag. 11.

ment les *m* les unes aux autres au moyen des liaisons bouclées, et ne levez point la plume que la colonne ne soit achevée.

On remarquera que, dans la ligne suivante, les *h* s'embouclent les unes avec les autres, sans qu'on ait besoin d'avoir recours aux liaisons bouclées. Les déliés doivent se dessiner nettement à partir du bas de chaque jambage.

Tout le bras doit se mouvoir en arrière, par le jeu flexible des articulations du coude et de l'épaule. On peut reproduire chaque lettre plus de fois qu'elle ne se trouve répétée dans chaque colonne de la planche : plus on en pourra faire, plus on acquerra d'aisance et de liberté.

Chaque ligne de la colonne suivante offre, pour exercer l'élève, trois *m* consécutives : les boucles ou liaisons ne ressemblent pas tout-à-fait aux précédentes, mais elles se lient à la ligne suivante avec une égale facilité. Suivez, à l'égard des *y* et des *n*, le même procédé que pour les colonnes précédentes.

Évitez soigneusement de trop serrer la plume entre les doigts : tenez-la avec une parfaite aisance, sans appuyer trop fort sur le papier. De larges feuilles de papier (ayant au moins deux pieds carrés) conviendront le mieux pour ce genre d'exercice. Chaque colonne doit être exécutée, depuis le haut jusqu'en bas, sans interruption, et chaque fois que l'élève en commence une nouvelle, il doit observer d'avoir dans sa plume une quantité d'encre suffisante.

Si les commençants éprouvent quelque difficulté à écrire tout le long de la colonne sans lever la plume, ils peuvent prendre une plume sèche, c'est-à-dire sans encre, et exercer leur bras à parcourir de haut en bas la colonne entière : ils acquerront par-là une grande assurance : ils peuvent suivre, par le même procédé (avec une plume sèche), le tracé des colonnes d'exemples qu'offrent les planches de cet ouvrage.

L'habitude d'imiter fréquemment les caractères ou de suivre le tracé des modèles, à l'aide d'une plume sèche, doit naturellement causer moins de répugnance à l'élève, qui a la certitude de ne pas gâter son cahier, ce qui lui arriverait plus d'une fois, s'il faisait usage de l'encre, avant d'avoir acquis un degré convenable d'habileté. Ceux qui ont de la peine à faire descendre leurs colonnes dans une direction parfaitement verticale, traceront sur le papier deux lignes perpendiculaires, en laissant entre elles une distance convenable, et écriront les mots exactement au milieu, de manière que les extrémités des longues *s* touchent l'une et l'autre de ces lignes, dans toute la longueur de la page.

LEÇON II.

Planche 4.

Dans cette leçon, qui est l'objet de la planche 4, on fait usage des longues lettres que l'élève trouvera, en général, un peu plus difficiles à cause de leur longueur. Mais au bout de quelques jours de pratique, il les exécutera avec une rare facilité, s'il apporte l'attention convenable au mouvement expliqué dans la première leçon.

Avant de passer à cette leçon, l'élève doit se rendre maître de la précédente et la posséder parfaitement. C'est une marche à observer dans chaque leçon suivante. On doit imiter fidèlement chaque lettre, et s'attacher à rendre l'effet de la planche avec une précision rigoureuse. Celui qui négligerait ce point important, s'exposerait à contracter, dans le genre d'écriture qu'il adopterait, l'habitude de former ses lettres d'une manière défectueuse. Il est également nécessaire, dans cette leçon, d'écrire chaque colonne sans que la plume quitte le papier.

Les *b* ainsi que les *f* se lient les unes avec les autres. Les liaisons bouclées, qui joignent ces lettres entre elles, doivent être nettes et dégagées, *d'abord*, parce que ces lettres se joignent ainsi plus facilement, et *ensuite*, parce que ce genre de liaison est plus conforme au goût moderne.

Il faut apporter l'attention la plus soigneuse, pour faire correctement toutes les lettres formées de l'*o*, nommément l'*a*, le *d*, le *g* et le *q*. La principale difficulté consiste à former la partie *o*. Il arrive souvent qu'en joignant le délié à l'*o*, la plume va à droite ou à gauche du délié, et donne à l'*a* l'apparence de deux lettres, savoir, d'un *e* et d'un *i*; et au *g*, celle d'un *e* et d'un *j* ou d'une longue *s*. J'insiste sur ce point, et je recommande à l'élève de bien observer, lorsqu'il aura remonté le délié de l'*o*, de redescendre exactement sur le même trait lorsqu'il pratiquera les *g*, les *q* et les *a* qu'offre cette leçon. J'ai donné une ligne d'*a* et une d'*r*, joints ensemble à l'aide des liaisons bouclées, comme préparation à la leçon suivante, qui s'exécute entièrement d'après le principe des liaisons. On verra que ce système est complètement basé sur la liaison et l'enchaînement des lettres et des mots ensemble.

L'élève doit écrire, pour chaque leçon, de vingt à cent pages (1). On pourra m'objecter qu'il en résultera une dépense considérable de papier ; mais ceux que cette considération arrêterait, pourront, par économie, faire exercer l'élève sur une ardoise, attendu qu'une ou deux pages ne pourraient aucunement atteindre le but qu'on se propose, parce que l'élève doit s'exercer à écrire jusqu'à ce qu'il soit suffisamment familiarisé avec le *Système*. Non-seulement cet exercice lui donnera une grande assurance (objet si important dans une étude quelconque), mais il doit s'attendre à faire des progrès rapides, s'il s'y livre avec une application et une persévérance suffisante. Le nombre de pages que j'ai recommandé d'écrire sur cette leçon, doit servir de règle pour toutes les autres.

(1) Cela veut dire que l'élève doit copier la planche de chaque leçon de vingt à cent fois, avant de passer à la leçon suivante. Il y aurait peu de bonne foi à supposer, comme l'a fait M. Audoyer, dans le *Courrier français* du 10 mars 1828, que l'auteur recommande ici de copier vingt à cent pages de chaque planche pendant la courte durée d'une leçon.

Le maître doit être attentif à ce que la main de l'élève glisse, dans ses mouvements, sur la surface des ongles des doigts inférieurs, pendant toute la durée des exercices, et, à cette fin, il faut que ces deux doigts soient continuellement liés, jusqu'à ce que l'élève soit habitué à tenir sa main d'une manière convenable, condition sans laquelle personne n'acquerra jamais parfaitement notre méthode d'écriture.

LEÇON III.

Planche 10.

Il faut remarquer la différence qui existe entre la forme de l'*x*, qu'offre la première colonne, et celle qu'on lui donne communément. Dans l'ancienne méthode, on donne à cette lettre la forme de deux *c*, l'un en sens inverse, et l'autre dans sa position naturelle. Comme on trouve toujours de la difficulté à faire l'*x* sans lever la plume, la forme d'*x*, que présente la planche 10, atteindra ce but dans l'écriture cursive, et l'on pourra l'écrire avec une extrême facilité, sans que la plume quitte le papier. Remarquez ici que la première partie de l'*x* de notre exemple ressemble, à peu de chose près, au premier jambage d'une petite *m* dont la partie inférieure serait légèrement contournée à gauche ; la seconde partie ressemble à un petit *i*, dont la partie supérieure serait un peu arquée à droite. L'élève commencera la première partie de l'*x*, comme s'il voulait faire le premier jambage d'une *m*, en observant de remonter sur ce premier trait qu'il a abaissé, puis de redescendre sur le trait ascendant, pour faire la seconde partie de la lettre dont la forme est presque celle d'un *i*, comme nous l'avons remarqué tout-à-l'heure, en ayant soin de ne point lever la plume ; il continuera de joindre les *x* les unes avec les aux autres à l'aide des liaisons bouclées, sans jamais lever la plume, jusqu'à ce qu'il ait achevé la colonne.

La lettre *e* est si simple que nous n'aurons que peu de chose à dire sur la manière de l'exécuter : seulement, il faut observer avec soin que la boucle, qui en forme la partie supérieure, soit nette et dégagée.

La lettre *o* a été suffisamment expliquée dans la Seconde Leçon.

Les élèves trouvent souvent quelque difficulté à faire l'*s* sans lever la plume. Cette lettre est presque aussi aisée à faire que toute autre, pourvu que l'on ait soin de ramener exactement la plume autour de la rondeur de la partie inférieure. Lorsque l'*s* est faite, on revient d'une main sûre, par un mouvement rétrograde, autour de la rondeur inférieure de la lettre, à partir du léger point qui la termine, de manière à éviter une interruption. Il suffira d'un peu de pratique pour s'y habituer.

En faisant le *t*, la plume doit remonter sur le trait descendant, et former, au milieu du jambage, une petite boucle semblable à un *o*, et continuer le délié qui tient lieu de barre et sert à joindre cette lettre avec les suivantes.

Dans l'*u*, qui a communément la forme de deux *i*, le trait d'en bas (le délié ascendant) revient sur celui d'en haut, comme dans l'*o*, mais sans être contourné vers la gauche à sa partie supérieure.

L'*u* et le *w* se font à-peu-près suivant le même principe.

LEÇON IV.

Planche 9 *et* 12.

Dans cette leçon, on a eu recours aux longues lettres pour servir de liaison et les joindre avec les petites lettres; mais si l'élève préfère les boucles employées dans les leçons précédentes, il est libre d'en faire usage. Toutes les lettres de l'alphabet peuvent être liées entre elles, comme dans la planche 10, suivant la fantaisie ou la disposition de l'élève. La première ligne de cette leçon offre à-peu-près le même aspect, lorsqu'on la considère soit de haut en bas, soit de bas en haut.

L'écriture n'est jamais plus correcte que quand les lettres paraissent égales, uniformes et bien proportionnées, lorsqu'on les considère sens dessus dessous. En écrivant cette colonne, la partie inférieure de l'*h* doit être presqu'à l'opposite ou un peu au-dessous de la partie de l'*y* où la liaison la traverse ; sans quoi, la position et le mouvement de la colonne cesseraient d'être perpendiculaires, et les lettres ne se trouveraient point les unes au-dessous des autres. Il suffira d'un seul essai pour en convaincre l'élève.

Il est indispensable d'observer ce que nous avons recommandé ci-dessus, relativement à la position du corps, au mouvement de la plume et à la manière de la tenir et de la conduire, sans qu'elle quitte le papier, jusqu'à l'entier achèvement de la colonne. Si j'insiste particulièrement sur ce point, c'est à cause de l'aisance et de la rapidité qui en résultent. Les progrès de l'élève seront lents et peu satisfaisants, s'il le néglige, tandis que, s'il suit fidèlement les instructions que je lui donne ici, il peut espérer de parvenir au plus haut degré de perfection possible. On peut employer le mouvement flexible des articulations digitales pendant la durée de toutes les leçons, mais sans négliger de le combiner en même temps avec le libre mouvement du bras.

A la seconde colonne, il faut soigneusement observer de former l'*a* de manière qu'il se trouve précisément en face de la boucle qui sert à barrer l'*f*. Tous les *a* de cette colonne doivent être placés perpendiculairement les uns au-dessous des autres, et le tracé des *ſ* doit être exactement parallèle.

Dans la troisième colonne, contenant les *hc*, on pourra trouver quelque difficulté à tracer correctement le *c*, parce que, après avoir fait le point (qui est, pour ainsi dire, la tête du *c*), il faut revenir sur le délié, en suivant le quart de cercle que forme, à gauche, la partie supérieure de la lettre.

Le principe d'après lequel on fait l'*o* doit communément servir pour faire le *c*; le procédé est absolument le même, excepté la manière de faire le point (la tête du *c*) qu'on exécutera parfaitement avec un peu d'habitude.

Dans la colonne des *hd*, il est important que le long trait du *d*, se trouve, à sa partie inférieure, en contact immédiat avec la courbe ascendante de l'*o*. Dans la forme que l'on donne au *d*, dans cette planche, il arrive à quelques personnes d'abaisser le trait vertical de manière qu'il passe à côté de la courbe ascendante de l'*o*, négligence qui donne au *d* l'apparence d'un *o* et d'une *l*, ce qu'il faut éviter autant que possible.

Le *k* ressemble absolument à l'*h*, excepté que le milieu de la dernière partie de cette lettre présente une forme analogue à celle que plusieurs personnes donnent à l'*r*. Ceux qui trouvent de la difficulté à faire cette partie du *k*, s'exerceront à la faire isolément, jusqu'à ce qu'ils soient en état de lui donner une forme correcte et régulière.

Les monosyllabes suivants peuvent être joints ensemble à l'aide de la liaison bouclée qu'offre la Première Leçon. — *Voy. pl.* 12.

Ak, ek, ik, ok, al, el, il, ol, am, em, im, om, an, en, in, on, ap, ep, ip, op, up, ar, er, or, ur, as, es, os, us, at, et, it, ot, ut, av, ev, iv, ov, uv, aw, ew, ow, ax, ex, ix, ox, ux, ay, ey, oy, az, ez, iz, oz; bla, ble, bli, blo, blu, bra, bre, bri, bro, bru; cha, che, chi, cho, chu, cla, cle, cli, clo, clu, cra, cre, cri, cro, cru; dra, dre, dri, dro, dru, dwa, dwe dwi; fla, fle, fli, flo, flu, fra, fre, fri, fro, fru; gla, gle, gli, glo, glu, gra, gre, gri, gro, gru; kna, kne, kni, kno, knu; pha, phe, phi, pho, phu, pla, ple, pli, plo, plu, pra, pre, pri, pro, pru; qua, que, qui, quo; sca, sce, sci, sco, scu, sha, she, shi, sho, shu, ska, ske, ski, sko, sku, sli, slo, slu, sma, sme, smi, smo, smu, sna, sne, sni, sno, snu, spa, spe, spi, spo, spu, sta, ste, sti, sto, stu, swa, swe, swi, swo, swu; tha, the, thi, tho, thu, tra, tre, tri, tro, tru, twa, twe, twi, two, wha, whe, whi, who, wra, wre, wri, wro, wru.

En vertu de cette classification et de cette

combinaison de lettres, il n'est point de caractère que l'élève ne pratique continuellement, étant toujours maître de lier séparément chaque lettre de l'alphabet. De là résulte, dans l'écriture, l'aisance, la régularité et la promptitude d'exécution. En effet, en écrivant les lettres perpendiculairement les unes au-dessous des autres, sans lever la plume, l'élève est obligé de tenir son bras parfaitement léger, et sa main ne dévie point de la position prescrite, comme il arrive fréquemment à ceux qui suivent la manière commune d'écrire dans une direction horizontale, et chez lesquels la véritable position de la main n'a point été suffisamment inculquée par les leçons du maître et arrêtée par la pratique.

Lorsque l'élève possède bien les mouvements de la main et du bras, d'abord isolément, puis conjointement et simultanément, il peut revenir sur cette leçon et en copier fréquemment les exemples, en employant, pour écrire chaque mot, le jeu libre des doigts, combiné avec le mouvement de la main, et en faisant mouvoir tout le bras pour former les liaisons qui joignent les mots les uns aux autres.

LEÇON V.

Planche 11.

Lorsque l'élève a parcouru les différentes combinaisons de lettres enseignées dans les planches 9, 10, 4 et 5, et qu'il est en état de les reproduire avec facilité, sans lever la plume dans toute l'étendue de chaque colonne, il peut commencer à faire les mots de la planche 11. Observez soigneusement que les déliés ascendants partent du bas de chaque jambage des *m*, ce qui donne à l'écriture un air libre et dégagé. Je recommande ici de faire écrire à l'élève un bien plus grand nombre de mots que n'en offrent les colonnes de la planche ; pas moins d'une vingtaine, et toujours sans lever la plume. Cet exercice contribuera beaucoup à lui faire acquérir le libre mouvement du bras.

En passant aux traits qui joignent les mots ensemble, faites attention à mouvoir le bras entier et à tenir la plume avec une extrême légèreté, de manière à tracer les déliés qui servent de liaisons aussi fins que dans les exemples de la planche.

Lorsqu'on a copié bien des fois les mots de la planche, on peut écrire de la même manière, en colonnes, des mots courts et faciles, tels que les suivants :

Abase, abhor, abide, about, abroad, abrupt, absent, absolve, absurd, accept, before, befriend, begin, behave, behead, behold, belief, believe, belong, belove, etc. (1).

---

(1) Il y a, dans l'ouvrage original, plusieurs pages de mots anglais de deux syllabes. L'élève peut, à volonté, prendre, dans un dictionnaire français ou anglais, le nombre de mots qu'il croira nécessaire d'écrire pour s'exercer suffisamment. Il aura soin de suivre, en les copiant, l'ordre alphabétique.

LEÇON VI.

Planche 14.

Les mots de cette leçon (pl. 14), doivent se faire précisément de la même manière que ceux de la leçon V. La seule différence qui existe entre la leçon VI et la précédente, c'est que celle dont nous nous occupons ici présente des mots plus longs à combiner ensemble, en employant le mouvement ascendant et descendant de la main, ainsi que le mouvement latéral (1) de gauche à droite.

On s'exercera à exécuter les mots suivants de la même manière que ceux de la pl. 14.

Improvement, comprehend, grammarian, commissioner, commonwealth, etc. (Voy. la not. pag. 47.)

(1) Voy. pag. 9, lign. 10, l'explication relative à la ligne oblique *o* de la fig. 2.

INSTRUCTIONS

ET PLANCHES SUPPLÉMENTAIRES.

Planche 13.

Lorsque l'élève possède parfaitement le mouvement de tout le bras, et qu'il a acquis d'une manière complète la vraie position de la main, le second pas qu'il a à faire, est d'acquérir le mouvement de la main et de l'avant-bras, depuis le coude jusqu'à la main. L'élève s'exercera d'abord à ce mouvement en faisant des caractères qui ont la forme d'ovales ou qui ressemblent à des *o*, sans lever la plume, et en revenant un grand nombre de fois sur le même contour, aussi rapidement que possible. Lorsque la plume a parcouru de vingt à trente fois les contours de ces ovales ou *o*, l'élève doit employer la même facilité de mouvement à écrire des lettres aisées et des mots courts. Il reviendra ensuite au procédé pour faire des ovales, comme tout-à-l'heure, jusqu'à ce qu'il se soit tout-à-fait familiarisé avec ce mouvement, en se mettant en état d'écrire avec aisance et avec rapidité.

Pour que l'élève puisse parvenir au plus haut degré de perfection possible dans l'art d'écrire, on peut lui permettre de faire usage du mouvement des doigts combiné avec celui du bras, et cela l'aidera puissamment à donner aux lettres une forme régulière et correcte. Mais il ne faut jamais lui permettre la flexion et le jeu des doigts, jusqu'à ce qu'une habitude constante l'ait complètement rompu au mouvement du bras et le lui ait rendu familier.

Lorsqu'on fait passer l'élève à l'écriture en gros, des mots courts et aisés seront pour lui, dans le commencement, l'exercice le plus convenable et le plus utile. On pourra passer ensuite aux longs mots, mais, dans tous les cas, on devra écrire chaque mot sans lever la plume (1), quel que soit le nombre de syllabes qui le composent; ce procédé donnera à la main beaucoup d'assurance et de liberté.

Lorsque l'élève s'est suffisamment formé à une bonne écriture en gros, il peut ensuite passer à la cursive; mais tout en étudiant cette dernière écriture, il continuera de pratiquer l'écriture en gros, en exécutant tous les mouvements que j'ai prescrits. Cet exercice l'aidera beaucoup à donner aux

(1) On pourra lever la plume pour tracer *a, c, s* et *x*.

lettres, dans la cursive, une forme régulière et correcte, et en général, son écriture y gagnera de la hardiesse, de l'assurance et du corps.

N. B. On peut se servir d'un crayon pour tracer les ovales.

Addition à la Planche 13.

Lorsque l'élève s'exerce à faire des *o* ou des ovales pour acquérir le mouvement convenable de la main et du bras, le bras doit poser sur la table dans le voisinage du coude (voy. p. 9, fig. 2.); l'avant-bras servira de levier, et sa partie inférieure qui porte sur la table sera le centre du mouvement. En conséquence, tandis que le bras porte sur le coude, qui lui sert de point d'appui, l'avant-bras doit être libre et capable d'un mouvement dégagé, de sorte que, quoique le bras soit fixé sur la table dans le voisinage du coude, il permette à la main de se mouvoir avec une parfaite aisance.

Il faut toujours observer de tenir le 3e. et le 4e. doigt sous la main, de manière à la faire glisser légèrement sur la surface des ongles. Cette condition est de rigueur, et ne peut souffrir aucune exception. Ce mouvement est le plus important de tous, et le

4*

maître doit veiller avec une attention particulière à ce que l'élève l'exécute fidèlement. Je le trouve d'une telle conséquence, que je ne voudrais jamais entreprendre d'enseigner l'écriture expédiée sans le secours de ce mouvement. Observez que le poignet ne doit se mouvoir qu'avec l'avant-bras. Le mouvement doit s'exécuter principalement avec la main et l'avant-bras, conjointement et simultanément ; le bras doit en même temps porter sur la table dans le voisinage du coude, et, tout en pivotant sur ce point, il doit y rester fixé d'une manière invariable.

Planche 18.

Les ovales horizontaux qui renferment les mots *improvement* et *monumental* ont pour but de donner à la main un mouvement libre de gauche à droite. L'élève doit pratiquer d'abord plusieurs de ces ovales ; il fera même bien d'en remplir plusieurs pages avant de passer aux mots. Ensuite il s'efforcera d'écrire les mots par un mouvement absolument semblable, je veux dire, en faisant usage du mouvement de la main, tandis que les deux doigts inférieurs jouent librement sur le papier, ce qui signifie en d'autres termes qu'à mesure que la plume se meut sur le papier, les doigts inférieurs doivent se mouvoir d'autant par un mouvement simultané, de manière que, si l'on fixait une plume aux doigts inférieurs, elle formerait en même temps le même mot que celle que feraient mouvoir les doigts supérieurs.

Nota. Si la planche 18 présente à l'élève trop de difficulté, il peut pendant quelque temps en suivre le tracé avec le papier transparent, dont nous avons indiqué la préparation pag. 25.

Planche 16.

L'exemple qu'offre cette planche est un spécimen (un échantillon) du genre d'écriture que pourra acquérir l'élève, s'il observe avec intelligence, attention et persévérance les instructions que je viens de donner dans les pages précédentes. Si, par suite de négligence ou par quelque autre cause, il trouve que son écriture n'est pas encore suffisamment perfectionnée, quoiqu'il ait parcouru régulièrement toutes les leçons, il doit les recommencer plusieurs fois d'un bout à l'autre, jusqu'à ce qu'il ait atteint en perfection un genre d'écriture semblable à celle de la planche 6. Quand une fois l'élève sera parvenu à ce point, il pourra, par forme d'exercice, écrire les sentences suivantes ou d'autres également aisées : *A man's manners*, etc. (Voy. pl. 21.)

Planche 15.

J'indique ici de quelle manière les capitales peuvent s'exécuter par le mouvement du bras, sans lever la plume, en les liant les unes avec les autres. Par cette méthode on acquerra promptement une aisance et une liberté prodigieuse. On observera qu'au commencement de chaque carré, la lettre qui se trouve à l'angle gauche se fait isolément, et que, pour en écrire une autre semblable au-dessous, on est obligé de lever la plume.

Lorsqu'on a fait la première lettre, on en joint deux ensemble, ensuite trois, quatre, etc. Comme on ajoute une lettre à chaque fois, jusqu'à ce que le nombre commence à décroître graduellement sur une même échelle, la difficulté est bien moindre que si l'élève avait à joindre au premier mouvement un plus grand nombre de lettres. L'élève peut à volonté lier de la même manière toute espèce de lettres. On verra aisément que le mouvement de la plume va de gauche à droite dans une direction oblique.

Planche 19 (*petits carrés*).

Réglez la page où vous voulez écrire en carrés aussi parfaitement égaux qu'il sera possible. Il n'est pas nécessaire de copier les numéros comme dans la planche; nous ne les avons placés à l'angle de chaque carré, que pour montrer dans quelle direction la plume doit se mouvoir. La page étant ainsi réglée, on se conformera exactement aux instructions suivantes :

Faites d'abord deux *m*, comme dans la planche, entre les numéros 1 et 3; puis, sans lever la plume, descendez de 3 à 4 faites (toujours sans lever la plume) deux *m* entre 4 et 6; remontez de même de 6 à 5; faites deux *m* entre 5 et 7; puis redescendez de 7 à 8, et ainsi de suite, jusqu'à la fin de la première rangée des carrés.

Passez à la rangée suivante des carrés, et écrivez deux *m* entre 2 et 4; descendez de 4 à 29; faites les *m* entre 29 et 31, et ainsi de suite, jusqu'à ce que la totalité des carrés soit remplie de cette manière, en observant toujours que pour passer d'une ligne à l'autre, soit en montant, soit en descendant, il faut employer le mouvement de tout le bras. Cette méthode d'écriture l'emporte de beaucoup sur toutes celles qui ont été publiées jusqu'à ce jour :

1°. On conserve le mouvement perpendiculaire, soit qu'on remonte, soit qu'on abaisse la plume à l'angle gauche de chaque carré, et l'on maintient toujours son bras dans la position convenable, aussi bien au commencement qu'à la fin de la ligne.

2°. Il résulte de cette méthode une grande économie de papier ; car, en renversant la feuille sens dessus dessous, les côtés de chaque carré peuvent être remplis de la même manière qu'auparavant. On peut écrire en gros entre les lignes. Je recommande à l'élève de faire chaque mot ou ligne d'écriture en gros sans lever la plume ; cet exercice lui donnera une grande liberté d'exécution.

On peut utiliser le blanc qui reste au milieu de chaque carré, après avoir écrit en gros entre les lignes, en y traçant des lettres capitales d'une petite dimension.

3°. Les carrés contribuent beaucoup à donner de la netteté et de l'uniformité à l'écriture, et en même temps à la rendre plus compacte et plus serrée. Notre méthode combattra et corrigera complètement cette cursive lâche et efféminée qui n'est que trop à la mode aujourd'hui, et qui devient encore plus défectueuse depuis l'introduction récente d'un système communément appelé : *Système de lignes et d'angles* ou *écriture écartée*, système qui n'offrira jamais, pour l'usage du commerce, d'avantages réels, parce qu'il exige généralement deux lignes pour écrire ce que l'on pourrait mettre en une seule, etc., etc.

Planche 20 (*carrés longs*).

Tracez vos carrés de la longueur des mots que vous voulez écrire. Pour ces carrés, il faut faire bien attention, comme dans les précédents, au mouvement, à la manière de s'asseoir, etc. Pour mettre l'élève en état de procéder d'une manière régulière, je vais parcourir quelques-uns de ces quarrés. Prenez le mot *commandment* ou tout autre, et écrivez-le entre 1 et 3; puis, sans lever la plume, descendez de 3 à 4. Écrivez de nouveau le mot *commandment* entre 4 et 6.

Faites remonter la plume de 6 à 5, et ensuite écrivez le mot comme auparavant. Le dernier mot finira à 10. Continuez de la même manière jusqu'à ce que tous les carrés soient remplis.

Planche 26.

En écrivant les *m* de cette planche, l'élève doit tenir son bras à environ deux pouces de la table ou du pupitre, et faire mouvoir tout le bras sur le papier, en descendant et en montant, sur la surface des ongles du 3e et du 4e doigt, dans une direction perpendiculaire. Prenez une plume sans encre, et suivez le tracé des *m* de la planche aussi vite que possible, en observant toujours de ne point lever la plume durant toute la page. De cette manière, le mouvement perpendiculaire, qu'exige cette méthode, s'acquerra plus promptement que par l'imitation. Lorsque vous copierez l'exemple avec de l'encre, appliquez-vous avec un soin extrême à faire la liaison, qui part du bas de chaque jambage, aiguë à sa naissance et arrondie à sa partie supérieure.

Lorsque cette planche aura été copiée correctement, et qu'on sera en état de l'exécuter aisément et avec une grande rapidité, on pourra écrire de la même manière des mots que l'on commencera en gros et que l'on fera décroître à chaque ligne, jusqu'à ce qu'ils aient atteint le degré de petitesse de la dernière ligne des *m* de cette planche.

J'insiste fortement sur ce genre d'exercice, parce qu'il donne à la main une grande assurance ainsi qu'une liberté extraordinaire d'exécution.

Planche 22.

La planche commençant par *Recommend good and virtuous men* offrira un excellent exercice à l'élève, si l'on y joint ceux de la planche 24, mais il faut tenir la plume avec une extrême légèreté. Ce procédé combattra avantageusement la disposition qu'ont un grand nombre de personnes à trop appuyer sur la plume en écrivant.

Planche 23.

Remarquez que, dans cette planche, l'élève écrit d'abord les mots en gros et qu'il les diminue graduellement, au moyen d'une diagonale tirée d'un angle de la page à l'autre.

J'ai trouvé que cette méthode est d'un grand avantage pour mes élèves; c'est une espèce d'échelle qui forme la main à écrire des mots de toute grandeur et de toute largeur, depuis le caractère le plus gros jusqu'à l'écriture la plus petite, suivant une gradation presqu'insensible. Cette invention, aussi simple qu'utile, est d'une grande importance pour ceux qui ont une cursive lâche et efféminée, parce que cette échelle leur permet de donner à leur écriture la dimension qu'ils jugent convenable.

Planche 25.

Dans la planche 25, je donne un *spécimen* de ma méthode d'écrire dans des carrés, d'après le même procédé que celui dont j'ai déjà parlé plus haut. La seule différence qui existe entre les carrés de la planche 19-20 et ceux de la planche 25, c'est que ceux-ci sont des parallélogrammes qui montrent la pente oblique qu'il faut donner à l'écriture. Ces lignes ont aussi pour but de donner à la plume la vraie position, c'est-à-dire que, si l'on tient la plume parallèle aux lignes tracées, elle se dirigera naturellement vers l'épaule.

Planche 17.

Les lignes d'écriture que présente cette planche sont destinées à montrer comment les lettres et les mots peuvent être liés ensemble sans que la plume quitte le papier. On peut continuer cet exercice dans l'étendue d'une page entière, à l'aide des liaisons bouclées qui vont d'une ligne à l'autre. Ainsi, il n'est point de lettre ni de mot que l'on ne puisse tracer de la même manière. On peut pareillement écrire tout l'alphabet sans lever la plume, depuis le commencement jusqu'à la fin.

Planche 24.

L'habitude d'écrire, alternativement et par le même mouvement, des lettres grandes et petites, aura pour effet de donner plus de liberté à l'élève lorsqu'il voudra écrire en fin. Les grandes lettres exigent un mouvement plus large et plus développé; en conséquence, si le jeu de la plume sur le papier est continu, l'élève acquerra plus d'aptitude à faire de petites lettres. La combinaison des majuscules et des minuscules donnera à l'écriture une facilité prodigieuse.

Le maître peut exercer ses élèves à tracer sur l'ardoise toutes les lettres capitales de l'alphabet (sauf les exceptions indiquées sur la planche), avant qu'ils les écrivent sur le papier. Cet exercice leur donnera plus d'assurance et d'aplomb. Il est infiniment utile de joindre les mots ensemble à l'aide des longues *s*. Si l'élève s'exerce de temps en temps à joindre ensemble toutes les minuscules, à l'aide des longues *s* employées alternativement, sans lever la plume de toute la ligne, il en retirera d'immenses avantages.

INSTRUCTIONS

Pour l'exemple REMOVE *de la Planche* 27 (1).

L'élève ne doit aucunement laisser porter son bras sur la table lorsqu'il s'exerce à imi-

(1) D'après le conseil des commissaires que la Société pour l'Enseignement élémentaire a chargés d'examiner la méthode de M. Carstairs, nous avons supprimé deux planches, qui ne sont autre chose que l'exercice *remove*, présenté sur une plus grande page. L'une offre le mot *comprehend* répété huit fois, et l'autre le mot *men* répété

ter l'exemple qui présente plusieurs fois le mot *remove* répété, allant d'une ligne à l'autre au moyen de lignes droites ou courbes, non interrompues, qui parcourent la page dans toutes les directions. Il ne faut pas même que le petit doigt s'appuie ni qu'il touche le papier en aucune manière. Faites porter seulement la plume et écrivez chaque mot par le même mouvement qui sert à jeter les majuscules. Si l'élève trouve trop de difficulté à exécuter cet exercice à main levée, il peut se servir du *Talantographe* dont nous donnons ci-après la desscription.

---

seize fois, enlacés dans un labyrinthe de lignes droites et de lignes courbes, qui traversent la feuille dans tous les sens et dans toutes les directions. Lorsqu'une fois on a l'idée de ces exercices, on peut soi-même les varier à l'infini, sans avoir besoin de préceptes ni d'exemples.

LE TALANTOGRAPHE (1),

INSTRUMENT INVENTÉ PAR M. CARSTAIRS.

Il y a plus de vingt ans, dit M. Carstairs (2), que je conçus pour la première fois l'idée du *Talantographe*. Dans mes cours publics d'écriture et dans l'établissement que je dirige, j'en ai tant de fois reconnu et montré l'importance et l'utilité, que je puis maintenant, en toute confiance, le recommander à l'attention des personnes qui désirent acquérir une écriture facile et rapide. Comme bien d'autres de mes découvertes, je me suis vu forcé de tenir secrète cette invention pendant nombre d'années. Cette précaution était le seul moyen de tromper l'avidité d'une

(1) Nous avons formé ce mot de deux mots grecs, de ταλαντόω, *je tiens suspendu*, *j'imprime un mouvement d'oscillation*, et de γράφω, *j'écris*. Cet instrument est spécialement destiné aux personnes dont la main tremble en écrivant, et à celles qui veulent acquérir promptement le mouvement latéral de gauche à droite, et une grande rapidité d'exécution. (*Note de l'Éditeur.*)

(2) Lettre du 8 août 1828.

foule de plagiaires, qui trop souvent se sont approprié mes découvertes. Cette considération explique pourquoi depuis sept ans seulement je l'ai mis en usage, mais jusqu'à présent, je n'avais encore rien écrit ni publié pour en donner la description. Aujourd'hui même, c'est en hésitant que je me hasarde à l'expliquer, et sans les vives instances que l'on m'a faites à ce sujet, le véritable usage de cet instrument ne serait pas encore répandu. Dès que j'en eus découvert les avantages, je me mis à chercher attentivement s'il n'était point susceptible de quelque perfectionnement; et je ne fus pas long-temps sans y faire plusieurs modifications; mais, je m'aperçus que la dépense croissait en raison des perfectionnements que j'y apportais, et je trouvai que ce serait un obstacle à son adoption générale. Je renonçai donc à toutes les additions qui n'étaient pas rigoureusement nécessaires, afin qu'on pût le construire par les procédés les plus simples et en même temps au prix le plus modique. Ainsi l'instrument conserve tout ce qui est strictement indispensable à son usage, et la modicité de son prix doit engager les personnes qui desirent en faire l'essai, à se le procurer. La forme qu'il a aujourd'hui est de la plus grande simplicité; et on peut le construire à peu de frais. (Voy. pag. 9).

DESCRIPTION,

DIMENSIONS ET USAGE DU TALANTOGRAPHE.

La hauteur de cet instrument de E à H peut être de trois à quatre pieds; sa largeur, dans sa partie supérieure, de deux pieds au plus.

B C est un ressort en acier ou en baleine, qui s'élève et s'abaisse selon que la main pèse plus ou moins sur la corde à laquelle il est suspendu.

B D E C représentent la corde ou le ruban qui tient le bras suspendu.

A est le point où est fixé le ruban; en le resserrant ou en le relâchant on raccourcit ou l'on rallonge le pendule, et par conséquent on élève et on abaisse le poignet de manière à lui donner une élévation convenable au-dessus du papier.

La partie supérieure H est munie d'une charnière pour abaisser la branche horizontale et rendre l'instrument portatif.

La branche F C, qui sert de support, peut s'enlever quand on ne se sert plus de l'instrument.

I est un crampon ou une forte vis qui sert à fixer l'instrument sur la table.

Au point I se trouve un crampon de fer fixé avec trois petites vis à environ trois pouces du pied de l'instrument.

Ce crampon dont l'extrémité se terminera par un pas de vis, doit être assez long pour embrasser l'épaisseur de la table et recevoir un écrou. (Voy. la fig. pag. 9)

L'instrument doit toujours être placé au bout de la table, à droite de la main droite, à environ 6 pouces de l'angle de la table; la partie supérieure ou horizontale sera tournée de droite à gauche; et elle s'élèvera à environ un pied au-dessus de la tête de la personne qui écrit.

Dans tous les cas, on ne doit jamais permettre au poignet de s'appuyer sur le papier, pour éviter toute espèce de frottement; le poignet doit toujours être élevé d'environ un pouce au-dessus du papier, de sorte que la main soit libre dans tous ses mouvements et glisse avec facilité sur la surface des ongles des 3e et 4e doigts. Observez qu'en même temps la partie inférieure de l'avant-bras porte légèrement sur le papier, et que l'extrémité du coude dépasse le bord de la table d'environ trois à quatre pouces.

Cet instrument a surtout pour but de

donner de la liberté au mouvement de la main, de l'avant-bras ou de tout le bras. Il est d'un grand secours pour jeter des majuscules hardies, lorsqu'on les trace avec le mouvement libre de la main et du bras. Il donne une facilité remarquable dans l'écriture cursive et dans les traits d'ornement. Le meilleur exercice pour acquérir à l'aide de cet instrument de la facilité et de l'assurance dans les mouvements de la main et du bras, est de tracer des ovales obliques et horizontaux : et dans ce cas, on emploiera toujours le second mouvement, c'est-à-dire, le mouvement de la main et de l'avant-bras, tandis que la partie inférieure du bras pose légèrement sur la table dans le voisinage du coude.

Les personnes qui adopteront cet instrument, en obtiendront les plus heureux résultats, et pourront en peu de temps substituer à un genre guindé, qui sent la routine de l'école, une écriture d'une aisance et d'une rapidité remarquables. Tous ceux qui se plaignent de la gêne de leur écriture, reconnaîtront bientôt l'importance et l'utilité de cet instrument.

TÉMOIGNAGES

EN FAVEUR

DE M. CARSTAIRS,

ET DE SON SYSTÈME.

EXAMEN PUBLIC

DU SYSTÈME

DE M. CARSTAIRS,

POUR ENSEIGNER L'ART D'ÉCRIRE.

Lettre en forme de Rapport sur la Nouvelle Méthode pour enseigner L'ART D'ÉCRIRE, *développée et perfectionnée par M.* CARSTAIRS,
Adressée à S. A. R. le DUC DE KENT, etc., etc., etc.

PAR M. JOSEPH HUME, membre du Parlement.

A son Altesse Royale le Duc de Kent, etc., etc.

25, *Gloucester Place*. 8 *janv*. 1816.

MONSEIGNEUR,

J'ai l'honneur d'accuser réception de la lettre de votre A. R. du 4 janvier, contenant celle de M. Carstairs, sur laquelle vous avez daigné me demander mon opinion en forme de Rapport.

J'ai lu avec attention la seconde édition du livre de M. Carstairs sur l'art d'écrire; j'ai eu aussi avec ce monsieur une longue conversation au sujet de sa lettre, afin d'obtenir des renseignements exacts sur sa nouvelle méthode pour enseigner l'écriture.

Pour obéir aux ordres de V. A. R., j'ose lui demander la permission de lui soumettre les observations suivantes.

J'éprouve un plaisir infini en annonçant à votre A. R. que la méthode de M. Carstairs me paraît bien supérieure à toutes celles qu'on a mises jusqu'ici en usage; et, sous ce rapport, elle est tout-à-fait digne de la haute protection et des encouragements de V. A. R.

Le libre usage du bras, de la main et des doigts (1), enseigné par M. Carstairs, rend l'art d'écrire tellement facile, que j'ose assurer à votre A. R. que, s'il était généralement introduit dans les écoles, il offrirait pour la pratique de l'écriture des avantages non moins grands que la méthode de Lancastre pour la lecture.

Votre A. R. a dépensé des sommes considérables, elle a employé beaucoup de temps et de peines pour encourager l'éducation parmi les classes inférieures et moyennes de la société, en protégeant et en soutenant toutes les méthodes qui paraissaient propres à conduire à ce but. Je pense que V. A. R. pourra se convaincre promptement que la méthode de M. Carstairs pour enseigner l'art d'écrire est aussi digne de sa bienveillance et de ses encouragements qu'aucune autre branche d'éducation qu'elle ait protégée.

J'ose en conséquence prier instamment V. A. R. de soumettre à un examen public la méthode de M. Carstairs, après avoir choisi six personnes sur qui M. Carstairs sera invité de faire l'essai de son nouveau mode d'enseignement. J'espère que par cette épreuve solennelle il démontrera hautement la facilité, la perfection et la supériorité de son système.

Je m'estimerai heureux d'aider votre A. R. à remplir un objet d'une aussi grande importance.

J'ai l'honneur d'être,

de votre Altesse Royale,

Le très-humbe et très obéissant serviteur,

(*Signé*) **JOSEPH HUME.**

---

(1) Dix ans plus tard, M. Audoyer, après avoir été en 1822 (du 12 au 24 août) l'élève de M. Carstairs, proclama que l'inventeur du Système n'avait jamais eu l'idée *du triple mouvement du bras*, *de la main et des doigts*, et se voulut donner le mérite de cette importante amélioration. Voy. 2e *édition*, pag. 34, ligne, 34 et le Bullet. de la Soc. d'Encourag. n. 25[illegible] (oct. 1823), pag. 287, l. [illegible]

PROCÈS-VERBAL.

Le 9 juillet 1816, une réunion nombreuse de personnes des deux sexes eut lieu à la Taverne des Francs-maçons, pour entendre M. Carstairs exposer les principes de sa nouvelle méthode pour l'enseignement de l'écriture, et démontrer les avantages qu'elle possède sur tout autre procédé actuellement en usage. Son Altesse Royale, le feu duc de Kent, qui présidait en cette occasion, informa l'assemblée qu'il avait cru devoir prêter assez d'attention à ce sujet, pour rendre témoignage de son utilité, convaincu, comme il l'était, que tout perfectionnement dans les méthodes d'éducation est un bienfait pour la société, et que tout ce qui tend à accélérer la marche de l'instruction, est pour les classes pauvres l'équivalent d'un don pécuniaire considérable ; qu'en conséquence de ce principe, après avoir eu connaissance du système de M. Carstairs, il avait eu le désir d'en constater le mérite par lui-même, et que, dans cette vue, il avait placé sous la direction de ce professeur quelques enfants pauvres, qui n'avaient fait jusqu'alors que peu de progrès dans l'écriture ; qu'il pouvait parler en toute assurance de la rapidité extraordinaire des progrès qu'on les avait vûs faire depuis ; que l'assemblée pourrait en juger elle-même en examinant leurs cahiers, et en comparant tout ce que leur écriture avoit de pénible et d'informe quand ils recommencèrent sous M. Carstairs, avec l'aisance, la légèreté et la beauté que six semaines de leçons avaient suffi pour leur faire acquérir.

Plusieurs autres personnes d'un âge mûr, présentes à la séance, qui avaient également reçu des leçons de M. Carstairs, lui rendirent le même témoignage. M. Hume informa l'assemblée que le principal objet qu'on s'était proposé, en mettant les progrès des élèves sous les yeux du public, était de détruire un préjugé qui faisait révoquer en doute la possibilité de mettre en pratique le système de M. Carstairs ; et qu'en conséquence, si les personnes présentes se trouvaient satisfaites de ce qu'elles avaient entendu, et qu'elles fussent convaincues par les résultats matériels soumis à leur examen, elles ne refuseraient sans doute pas leur approbation, et qu'elles ne négligeraient rien pour faire introduire ce système dans les écoles, et dans les autres établissements d'instruction publique.

M. Hume proposa alors que l'assemblée prît quelques conclusions, qui exprimassent la satisfaction qu'elle avait éprouvée en reconnaissant les avantages incontestables du système de M. Carstairs ; et en conséquence, il fut

UNANIMEMENT RÉSOLU

Que la méthode de M. Carstairs pour l'enseignement de l'écriture paraissait à l'assemblée de beaucoup supérieure à tous les autres procédés jusqu'alors en usage, et en conséquence tout-à-fait digne de l'attention publique.

(Signé) *EDWARD* (*Duc de Kent.*)

J. HUME, M. P. (1)
J. BOND, D. D.
J. W. TAPLIN,
W. MILLAR,
R. LLOYD,
J. RUDGE, M. A.
J. GALT,
W. CORSTON,
T. BENSON,
J. HUDSON,
COLLIER, D. D.
C. DOWNIE, K. C.
M. GIBBS.

UNANIMEMENT RÉSOLU

Que le jeu libre des doigts, de la main et du bras, tel qu'il est enseigné par la méthode de M. Carstairs, contribue tellement à faciliter l'art de l'écriture, que son introduction générale dans les écoles produirait une grande économie de temps et de dépense : et qu'en conséquence l'assemblée le recommandait fortement à l'attention et à la faveur du public en général, et en particulier à toutes les personnes qui s'occupent de cette branche d'instruction.

(Signé) *EDWARD* (*Duc de Kent.*)

J. COLLIER, D. D., J. RUDGE, M. A., W. CORSTON, J. MILLAR, R. LLOYR, J. HUME, M. P., C. DOWNIE, K. C., M. GIBBS, T. BENSON, J. CAMPBELL, J. BOND, D. D., J. GALT, J. HUDSON.

---

(1) M. P. *signifie* membre du Parlement, D. D. Docteur en Théologie M. A. Maître-ès-Arts, K. C. Chevalier de la Croix.

Lettre de M. Joseph Hume, membre du Parlement, à M. S. Julien, éditeur de la Méthode de M. Carstairs.

Londres, 20 *mars* 1828.

MONSIEUR,

Je crois ne faire qu'un acte de justice envers monsieur Joseph Carstairs, auteur du *Système nouveau et perfectionné pour enseigner l'écriture*, en vous informant que je le connais depuis douze ans, surtout en qualité de maître. Long-temps avant que j'eusse fait sa connaissance, il a mis beaucoup de zèle et de persévérance à répandre son Système et à faire jouir le public des bienfaits de son nouveau mode d'enseignement.

Je ne puis rien ajouter sur le mérite du Système de M. Carstairs, ni sur les encouragements que mérite l'auteur, pour continuer à le propager, à ce que j'ai dit en 1816, lorsque je le soumis à l'examen le plus scrupuleux et le plus approfondi, et que j'adressai à ce sujet un rapport (1) à S. A. R. le Duc de Kent.

Le procès-verbal de la séance publique qui eut lieu à cette époque, et dont M. Carstairs a dû vous donner une copie (2), constate que je choisis, dans une école de paroisse à Londres, six jeunes enfants d'une capacité différente en écriture. Après les avoir confiés aux soins de M. Carstairs pendant un temps donné, je les présentai devant une assemblée publique, composée de maîtres d'école, de gens du monde et de personnes de la première distinction.

L'avis de l'assemblée fut unanime, et dans une décision écrite et adoptée avec l'assentiment général des personnes dont elle était composée, il fut hautement reconnu que le Système de M. Carstairs était infiniment supérieur à toutes les méthodes connues

(1) Voy. pag. 22, 2e *édit.*

(2) Ce procès-verbal se trouve annexé à toutes les éditions postérieures à 1816. Voy. pag. 71.

jusqu'alors. L'assemblée considéra M. Carstairs comme l'inventeur de ce système. J'avais alors cette intime conviction; je l'ai encore aujourd'hui.

Je crois (1) également ne faire qu'un acte de justice en vous disant qu'il faut n'écouter qu'avec une extrême défiance les prétentions de M. Audoyer. Il me paraît en effet, si j'en juge par la lettre qu'il m'a adressée, qu'il a appris tout ce qu'il sait de M. Carstairs.

Le 6 août 1822, M. Audoyer m'écrivit pour me demander mon opinion sur le système enseigné alors par M. Carstairs, ayant, disait-il, l'intention de devenir son élève (2), si je continuais à avoir de ce système l'opinion que j'avais exprimée publiquement en 1816. Ma réponse à M. Audoyer, que j'ai remise hier entre les mains de M. Carstairs, vous satisfera à ce sujet.

Je regarde M. Carstairs comme très-digne d'encouragements, et pour avoir introduit son système et pour avoir persévéré, comme il l'a fait, à le mettre en pratique.

Je vous ai adressé cette lettre, Monsieur, à la requête de M. Carstairs, et j'ai l'honneur d'être, etc.

(*Signé*) JOSEPH HUME.

---

(1) It is also but just to M. Carstairs that I should state to you that the pretensions of Monsieur Audoyer ought to be received with very great caution, as he appears to have received his instructions from M. Carstairs, if I am to judge from his letter to me.

On the 6th of August 1822, Monsieur Audoyer addressed a letter to me, to ask my opinion of the System then taught by M. Carstairs, as he then intended to become the pupil of that Gentleman, if my opinion of it continued the same as I had publicly expressed it in 1816 (*voy. pag.* 71): and my answer to Monsieur Audoyer, which I yesterday sent in M. Carstairs possession, will satisfy you on that subject, etc.

(2) Avant cette époque M. Audoyer était maître de français à Londres (*M. Carstairs*, *Appel au public français*, p. 9).

JUGEMENT

A PORTER SUR M. AUDOYER.

Cette méthode avait de trop grands, de trop incontestables avantages, pour rester long-temps circonscrite dans le pays où elle avait été inventée. En 1822, un Français, qui demeurait à Londres, et qui jusqu'alors s'était exclusivement livré à l'enseignement des langues, connaissant la découverte de M. Carstairs, conçut le projet de l'étudier sous sa direction et de l'importer ensuite en France. Des motifs, qu'il serait superflu d'examiner ici, l'engagèrent à l'introduire sous un nom qui en déguisât la véritable origine, et il l'enseigna, pendant six ans, sous le nom de *Méthode Américaine*, moyennant 120 et 200 francs, aux particuliers, et 500, 1,000 et 3,000 fr. aux professeurs. (Voy. le Constitutionnel des 5 et 18 janv. 1828).

Il était temps de faire rendre une justice éclatante à l'auteur anglais, qui ne s'attendait point à voir attribuer à un être imaginaire, placé en Amérique, l'honneur de cette importante invention ; il était temps de faire cesser un monopole ruineux, qui, laissant à la portée seulement des personnes riches la connaissance du nouveau système d'écriture, privait de ses bienfaits les classes moyennes de la société; il était temps enfin de rendre publique et populaire en France une méthode destinée à abréger d'une manière prodigieuse la durée de l'enseignement, et à opérer chez nous une révolution complète dans l'écriture.

La déclaration suivante, dont l'original anglais est entre nos mains, dissipera complètement les doutes des personnes qui croiraient encore que M. Audoyer est l'inventeur de la méthode qu'il enseigne.

DECLARATION.

Joseph Carstairs of 84 Lombard Street, in the City of London, Writing Master, Inventor of the New and Genuine Systems of Teaching the Art of Writing, maketh Oath and saith that, for the last Thirty years, he has been engaged in Teaching the Art of Writing, And that he has taught his New Systems in London nearly twenty years and that he taught the Art of Writing, previously to his arrival in London, in the Counties of Durham and Northumberland in the North of England; And this Deponent further saith that on the twelfth day of August, one thousand eight hundred and twenty two, Monsieur Audoyer commenced learning the said New and Genuine Systems of this Deponent, as his pupil, and took one full course consisting of twelve progressive lessons, in which lessons, the movements of the arm, hand and fingers were fully explained and demonstrated by this Deponent to the said Monsieur Audoyer, in the manner which is setforth in the Publications of him, this Deponent, entitled « Lectures on the Art of Writing, etc.; » And this Deponent saith that, for the said twelve lessons, the said Monsieur Audoyer has paid this Deponent the sum of one pound fifteen shillings, as appears by the Entry of the payments in the Ledger of this Deponent, a copy of which Entry is as follows:

1822	Monsieur Audoyer	l.		
»	August 12th, received..		15	0
»	August 24th, received..	1	0	0

And this Deponent further saith that, before he communicated his said Systems to the said Monsieur Audoyer, in the said twelve lessons, he, the said Monsieur Audoyer, was totally unacquainted therewith.

SWORN, at the Mansion-House of the City of London, this 12th day of March 1828. } *(Signed)* Joseph CARSTAIRS.

Before me

(Signed) P. LUCAS Mayor.

DÉCLARATION.

(TRADUCTION.)

Joseph Carstairs, maître d'écriture, inventeur du Nouveau et Véritable Système pour enseigner l'art d'écrire, demeurant dans la cité de Londres, *Lombard-Street*, n° 84, affirme et jure : que, depuis trente ans, il se livre à l'enseignement de l'art d'écrire ; qu'il enseigne son nouveau système à Londres depuis près de vingt ans, et qu'avant son arrivée à Londres, il a enseigné l'art d'écrire dans les comtés de Durham et de Northumberland, dans le nord de l'Angleterre.

Le déposant ajoute que, le douze août mil huit cent vingt-deux, monsieur Audoyer a commencé à étudier le susdit Nouveau et Véritable Système du susdit déposant, en qualité de son élève, et qu'il a suivi un cours complet de douze leçons progressives ; que, dans ces leçons, le susdit déposant a développé et démontré au susdit monsieur Audoyer les mouvements du bras, de la main et des doigts, d'après les principes exposés dans l'ouvrage du susdit déposant, intitulé, Leçons sur l'art d'écrire, etc.

Le déposant ajoute que, pour prix des douze leçons, monsieur Audoyer a payé (en deux fois) la somme de 43 francs 75 cent., comme il appert par l'enregistrement de ces deux paiements, portés sur le livre de comptes du susdit déposant, dont suit copie :

1822.	Monsieur Audoyer :	
»	Le 12 août, reçu........	18 f. 75 c.
»	Le 24 août, reçu........	25 0

Le déposant ajoute qu'avant qu'il donnât à monsieur Audoyer les susdites douze leçons, monsieur Audoyer était dans une ignorance complète du système.

JURÉ, en l'hôtel de la Mairie de la Cité de Londres, Ce 12e jour de mars 1828. } (*Signé*) Joseph CARSTAIRS.

Par devant nous,

(*Signé*) P. LUCAS Lord-Maire.

OPINION

DE M. CARSTAIRS

Sur le *Système d'Écriture Américaine dévoilé*, par M. Chandelet, soi-disant son élève.

Il a paru, il y a plusieurs mois, un petit cahier oblong de quelques pages, intitulé : *Système d'Ecriture Américaine dévoilé*, que la ressemblance presque identique du titre a fait prendre par plusieurs personnes pour l'abrégé de la méthode de M. Carstairs. L'erreur était d'autant plus facile que M. Chandelet se disoit élève de l'inventeur même. Par malheur, il lui échappa de faire naître son prétendu maître en Amérique, suivant l'opinion commune, quoique celui-ci ne soit jamais sorti d'Angleterre.

A peine M. Carstairs fut-il instruit de l'abus qu'on faisoit de son nom, pour faire accueillir avec faveur une méthode qui n'est point la sienne, qu'il écrivit au traducteur de son ouvrage pour réclamer contre cette assertion erronée, et le prier de détromper le public français.

La justice veut que nous disions que M. Chandelet, à qui nous avions donné, dans le *Courrier Français* du 26 février, un démenti public, de la part de M. Carstairs, s'est exécuté lui-même en partie, en s'abstenant de répéter dans les journaux qu'il était *élève du professeur américain*, et *qu'il avait étudié sous sa direction*.

Mais comme M. Chandelet n'a point cessé pour cela de maintenir, dans plusieurs éditions de son cahier d'écriture, l'assertion que nous avions combattue, notre réclamation subsiste dans toute sa force, et nous regardons comme un devoir impérieux de signaler cette erreur calculée, qui est aussi funeste aux progrès des élèves qu'à la réputation de M. Carstairs.

EXTRAIT

DE L'INTRODUCTION DE M. CHANDELET.

Elève du celèbre Carstairs des Etats-Unis (1), inventeur de la méthode à la fois la plus simple et la plus prompte de l'écriture anglaise, je veux donner au public la clef d'une connaissance si utile et si courue...

Formé à l'ancienne école, je partageai d'abord les préventions contre cette innovation; mais je crus, comme doit le faire tout homme d'un sens droit, qu'avant de porter un jugement, je devais comparer les deux méthodes, et partant m'instruire de la nouvelle. *Je me fis initier par l'auteur dans les secrets de cette calligraphie.* Convaincu bientôt de sa supériorité, *je poussai, sous la direction du professeur américain, l'étude jusqu'à la démonstration*, etc.

(1) C'est à la première édition du cahier de M. Chandelet, qu'à l'invitation de M. Carstairs, nous avons signalé dans les journaux les assertions fausses que contenait son introduction. Il s'est écoulé six mois depuis cette époque et nous ne pouvions comprendre comment, après un démenti aussi public et aussi énergique, M. Chandelet avait pu laisser subsister ces assertions fausses sur les 2e, 3e, 4e et 5e éditions de son cahier d'écriture. Maintenant qu'il publie une sixième édition, dans laquelle ne se trouvent plus aucun des faits erronés contenus dans les précédentes, il est permis d'en conclure qu'en commençant, il avait divisé son premier tirage en cinq éditions, et qu'il a mieux aimé y laisser pendant six mois de graves inexactitudes que de faire un carton.

Si nous avions voulu employer un semblable artifice, il y a déjà long-temps que notre livre serait arrivé à la dixième édition.

(*L'Editeur.*)

RÉFUTATION.

Je vous écris pour vous informer que j'ai lu le cahier oblong d'écriture de M. Chandelet, et j'espère que vous aurez la bonté de faire savoir au public de Paris (outre ce que j'en ai dit dans une lettre précédente), que son assertion « *qu'il a été l'élève de M. Carstairs des Etats-Unis,* » ne peut être vraie en aucune manière. Je n'ai nul souvenir d'avoir eu d'élève portant le nom de Chandelet, et en second lieu, je n'ai jamais été en Amérique, ce qui prouve aussi que ce qu'il avance est inexact. Si M. Chandelet a appris, comme il le dit, le système dans sa perfection, il faut qu'il l'ait étudié à Londres sous ma direction; mais je n'en ai point la moindre idée.

Il commet une erreur évidente, et son assertion, lorsqu'il dit, pag. 1 de sa brochure : *Elève du célèbre Carstairs des Etats-Unis*, etc., doit paraître à tout le monde dénuée de fondement et de probabilité. Je le demande maintenant : est-il probable que deux personnes portant exactement le même nom, et vivant dans deux contrées différentes, séparées l'une de l'autre par une énorme distance, aient été en même temps les inventeurs de deux systèmes précisément semblables, offrant entre eux une identité parfaite, et s'éloignant des autres méthodes par les mêmes traits de dissemblance? L'erreur est trop grossière pour avoir besoin de plus longues réflexions.

(*M. Carstairs*, 14 *mars* 1828.)

Le livre de M. Chandelet n'est bon à rien. — Sa position de la main et de la plume est vicieuse, et dans toute l'étendue du cahier, toutes les lettres ont trop d'obliquité et sont d'une roideur extrême.

La totalité de ses exercices est fondée sur deux ou trois lignes d'une de mes planches, n. 12. (*Voy. pl.* 21.)

(*M. Carstairs*, 19 *février* 1828.)

TEXTE ANGLAIS DES LETTRES PRÉCÉDENTES.

I write to inform you that I have read M. Chandelet's oblong Writing Book, and I hope you will do me the kindness to inform the public of Paris (in addition to what I have mentioned to you in a previous letter) that the statement which M. Chandelet has made is incorrect, that I have no recollection of having ever taught a person of the name of Chandelet, and his assertion, that he has been a pupil of M. Carstairs of the *United States*, cannot possibly be true.... and as I have never been in America, that amounts to another proof also that his assertion is not correct. — If M. Chandelet has learnt the Systems to perfection (as he says he has), he must have studied them with me in London. But I do not remember his name as being a pupil of mine.

Yet there must be one glaring error in his assertion, which must appear to be extremely devoid of the probability of truth, where he says, in page 1 of his pamphlet, « *Elève du célèbre Carstairs des Etats-Unis*, etc. » Now I will ask is it probable that two persons would be both holding the same name and living in two different countries, many hundred miles distant of each other, would be also inventors of precisely the same Systems, and combining in each the same varieties and every way the same identity? — The deception is too glaring to bear any farther comment!

(*M. Carstairs*, 14 *mars* 1828.)

M. Chandelet's work is a useless production! — The position of the hand and pen is very incorrect and all the letters throughout the book are too much sloped and extremely stiff. The whole of the exercises are founded on two or three lines of one of my plates, n°. 12, etc

(*M. Carstairs*, 16 *fév.* 1828.)

LETTRE DE M. CARSTAIRS,

A M. S. A. JULLIEN,

Au sujet d'un petit cahier d'écriture oblong qui vient de paraître à Paris.

Monsieur et ami,

Il y a déjà quelque tems que j'ai reçu d'un de mes correspondants, qui reste à Paris, un petit cahier sur l'écriture, intitulé : *L'Ecriture Américaine, démontrée sans maître, en vingt jours d'étude, d'après Carstairs; par James Lowa, premier élève de Carstairs.*

Comme il est à craindre qu'on ne confonde cette informe production avec l'ouvrage que vous avez donné en français, et qui est la reproduction fidèle du mien, je m'empresse de vous en dire mon avis, en vous priant de le consigner dans votre nouvelle édition.

Je suis intimement convaincu que *James Lowal* est un nom supposé. Cet être imaginaire s'annonce comme ayant été mon *premier élève*. Je réponds et je déclare ici de la manière la plus solennelle, que cette assertion est complètement fausse, et que, non-seulement il n'a point été mon premier élève, mais que même il ne l'a jamais été du tout.

Le livre que le sieur Audin a publié est extrêmement imparfait, et principalement sous le rapport des exemples. Pour diminuer les frais de gravure, et afin que son cahier pût se vendre à vil prix, il a omis (1) les principales

(1) Il n'est pas inutile de comparer le livre que nous avons publié avec le cahier oblong qui porte le nom pseudonyme de *James Lowal*. Outre les neuf planches d'exemples à calquer et les douze planches d'écriture en gros, qui ne se trouvent point dans la sixième édition originale, notre traduction est accompagnée d'un Atlas in 4°

planches de mon ouvrage, et il a tellement tronqué et écourté les modèles qu'il a donnés, que les élèves se trouveront souvent dans l'impossibilité de les comprendre. Il est probable que beaucoup de personnes achèteront l'ouvrage à cause de la modicité de son prix, mais elles regretteront bientôt de ne s'être point procuré la traduction complète de mon livre, accompagnée d'un

---

de 27 planches, son abrégé n'offre que 9 petites planches in-8° oblong. J. Lowal a supprimé les planches III, XIX et XX in-8° et les planches XII, XVIII, XXI, XXVI, XXII, XXIII, XXV, XXIV et XXVII in-4°. — Quant aux planches dont s'est servi J. Lowal, loin de les reproduire fidèlement et d'une manière complète, il s'est contenté, à trois exceptions près, de ne donner tantôt que deux ou trois lignes, tantôt que deux ou trois mots de chaque planche, tandis que les planches originales sont pour la plupart in-4°, et présentent dans un cadre étendu des exercices fort utiles et d'une belle exécution. Nous ajouterons que notre troisième édition contient une planche in-4° qui ne se trouve ni dans le cahier de J. Lowal, ni même dans la 6e édition originale. Cette planche, dont l'absence formait une lacune dans notre première édition, présente sous quatorze aspects différents les opérations relatives à la taille de la plume, pour toutes les dimensions et tous les genres d'écriture.

Remarquons enfin, qu'en supprimant la majeure partie des planches, l'abréviateur a supprimé aussi les instructions qui s'y rapportent, et qu'il n'a pas même donné en entier les préceptes destinés à expliquer les planches dont il a fait usage et qu'il n'a présentées qu'en raccourci.

Le style du cahier de J. Lowal offre une foule de passages copiés textuellement dans notre traduction. Le reste ne diffère le plus souvent que par des phrases gauchement retournées, et par des locutions vicieuses, qui, sous l'apparence d'une fausse synonymie, ne décèlent que l'intention de se soustraire au reproche de plagiat. Mais comme il est extrêmement facile d'éluder sur ce point les poursuites légales, nous nous contentons de dénoncer cet artifice maladroit à l'opinion publique, qui ne tardera pas à en faire justice. (*Note de l'Éditeur.*)

grand nombre de modèles soigneusement gravés, et qui, proportion gardée, est infiniment moins chère que le mince cahier dont je parle.

Ainsi, Monsieur, je trouve que le livre publié par le sieur Audin est tout-à-fait insuffisant et incomplet.

Les observations que je viens de faire, Monsieur, ont pour but de mettre le public français en garde contre toute espèce de fraude et de déception; vous m'obligerez beaucoup en signalant les faits qu'elles contiennent, et en leur donnant toute la publicité possible.

Permettez-moi, Monsieur et ami, de déclarer ici que l'ouvrage que vous avez publié à Paris, sous ma direction, et qui est la traduction du mien, intitulé *Lectures, on the Art of Writing*, est jusqu'ici le seul auquel je puisse, en conscience, donner mon approbation entière et ma sanction. Je dois naturellement désirer que mes ouvrages, qui se publient maintenant, ou qui peuvent se publier dans la suite en France, soient aussi parfaits et aussi complets que possible; et je ne pourrai me défendre d'un sentiment de mépris et de mécontentement en les voyant tronquer, mutiler et gâter, comme l'a fait le sieur Audin.

Je suis, Monsieur et ami,

Votre, etc.

JOSEPH CARSTAIRS.

Londres, 84 Lombard-street
10 Juillet 1828.

TABLE ANALYTIQUE.

MÉTHODE DE CARSTAIRS.

www.ingramcontent.com/pod-product-compliance
Lightning Source LLC
LaVergne TN
LVHW012021220826
846092LV00001B/432

* 9 7 8 2 3 2 9 4 5 3 1 8 7 *